智云科技◎编著

Photoshop
图像设计与制作（第2版）

U0214147

清华大学出版社
北京

内 容 简 介

本书是一本介绍Photoshop CC图像设计与制作相关知识的工具书，全书共14章，主要包括Photoshop的基础入门、具体处理操作、高级编辑技巧、自动化处理与动态技术知识、综合实例等内容。通过学习，不仅能轻松掌握Photoshop CC软件的使用方法，还能满足网页设计、平面设计、数码摄像以及广告设计等工作需要。

本书面向学习Photoshop CC软件操作的初、中级用户。适合进行网页设计、平面设计、数码摄像以及广告设计等相关人员阅读。此外，本书也可以作为社会各类培训机构员各大中专院校的教材。

图书在版编目(CIP)数据

Photoshop 图像设计与制作 / 智云科技编著 . —2 版 . —北京：清华大学出版社，2020.1（2021.12重印）

ISBN 978-7-302-53410-5

Ⅰ . ① P… Ⅱ . ①智… Ⅲ . ①图象处理软件 Ⅳ . ① TP391.413

中国版本图书馆CIP数据核字(2019)第178645号

责任编辑： 李玉萍
封面设计： 陈国风
责任校对： 张彦彬
责任印制： 刘海龙

出版发行： 清华大学出版社

网　　　址：http://www.tup.com.cn，http://www.wqbook.com
地　　　址：北京清华大学学研大厦A座　　　邮　　编：100084
社 总 机：010-62770175　　　邮　　购：010-62786544
投稿与读者服务：010-62776969，c-service@tup.tsinghua.edu.cn
质 量 反 馈：010-62772015，zhiliang@tup.tsinghua.edu.cn

印 装 者： 小森印刷（北京）有限公司
经　　销： 全国新华书店
开　　本： 190mm×260mm　　　**印　　张：** 23　　　**字　　数：** 368千字
版　　次： 2016年8月第1版　2020年1月第2版　　　**印　　次：** 2021年12月第3次印刷
定　　价： 89.00元

产品编号：079693-01

PREFACE

编写缘由

在当今这个多种媒体迅速发展的时代，无论是生活还是工作，人们对图像效果的要求越来越高，掌握图像设计与处理技术已经成为我们在生活和工作中处于优势地位的一项法宝。

然而，Photoshop作为图像效果处理功能强大而全面的工具，至今仍然有很多人难以掌控。为此，我们特别编写了本书，力求用简练的语言，生动的案例，快速普及Photoshop 软件的使用技巧及相关知识。

内容介绍

本书共14章，将从Photoshop的基础入门、具体处理操作、高级编辑技巧、自动化处理与动态技术知识以及综合实例等方面，为图像设计与制作初学者介绍各项知识与技能。各部分的具体内容如下。

部 分	包含章节	包含内容
基础入门	第1~2章	主要介绍Photoshop CC软件的基础知识和简单的图像处理方法
具体处理操作	第3~6章	主要介绍图像的各项处理操作，包括运用选区选择图像，分层处理图像，图像的颜色与色调调整以及绘制与修饰图像等
高级编辑技巧	第7~10章	主要介绍图像的高级编辑处理技巧，包括蒙版与通道，矢量图像的创建与编辑，文字的艺术以及Photoshop CC滤镜等

续表

部　分	包含章节	包含内容
自动化处理与动态技术知识	第11~13章	主要介绍自动化处理与动态技术知识，包括Web图形处理与自动化操作，视频与动画处理以及3D图像技术
综合实例	第14章	包括制作创意平面广告、处理人像数码照片和制作电影海报3个经典案例，将前13章所讲的知识贯穿起来，帮助用户快速吸收与掌握操作技能和技巧，做到举一反三

学习方法

内容上——实用为先，示例丰富

本书在内容挑选方面注重3个"最"——内容最实用，操作最常见，案例最典型，并且精练讲解理论内容的文字，用最通俗的语言将知识讲解清楚。另外，还添加了知识延伸版块，以提高读者的阅读面和学习效率。

结构上——布局科学，快速上手

本书在每章节前面给出了所讲内容的知识级别、知识难度、学习时长、学习目标和效果预览，可以使读者一目了然，提高学习效率。知识讲解过程中，采取"理论知识+知识演练"的形式，其中，"理论知识"是针对当前Photoshop CC中知识点所涉及的所有理论内容进行全面阐述；"知识演练"是对该知识点的具体使用操作进行分步演示，实用性更强，上手快。

表达上——通栏排版，图解指向

本书在介绍内容时，采用简单的通栏排版方式，让整个页面的内容表达简洁明了。所有内容通过图文对照+标注指向的方式进行讲解，读者可以更容易地进行对照学习。

读者对象

本书主要定位于希望快速入门学习Photoshop的初、中级用户，适合不同年龄段的网页设计、平面设计、数码摄像以及广告设计等人员阅读。此外，本书也可以作为社会各类培训机构和各大中专院校的教材。由于编者经验有限，加之时间仓促，书中难免会有疏漏和不足，恳请专家和读者不吝赐教。本书赠送的视频、课件等资源均以二维码形式提供，读者可以使用手机扫描右侧的二维码下载并观看。

编　者

CONTENTS

第 3 章　选择图像之选区揭秘

第 4 章　图像分割的分层处理

第 5 章　颜色与色调调整有规律可循

第 6 章　　轻松绘制与修饰图像

第 7 章　　探索通道与蒙版的秘密

第 13 章　潮流的3D图像技术

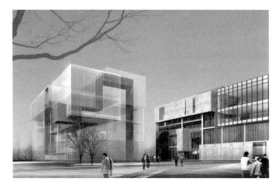

第 14 章　实战综合案例应用

第1章

进入Photoshop CC的
精彩世界

学习目标

Photoshop CC是一款专业的图形图像处理软件，是设计师必备的工具之一。要利用Photoshop CC进行高效的图形图像处理，首先需要对Photoshop CC有一个全面认识。

本章要点

◆　画笔的相关功能
◆　在Photoshop中访问Lightroom照片
◆　创建自定义工作区
◆　自定义彩色菜单命令
◆　限制历史记录状态数
　　......

LESSON
1.1 Photoshop的应用领域

知识级别

■初级入门 │ □中级提高 │ □高级拓展

知识难度 ★

学习时长 20 分钟

学习目标

① Photoshop 的常见应用领域。

② Photoshop 各应用领域的特点。

※主要内容※

内　容	难　度	内　容	难　度
在广告摄影中的应用	★	在平面设计中的应用	★★
在视觉创意中的应用	★	在艺术文字中的应用	★
在网页设计中的应用	★	在数码照片处理中的应用	★
在建筑效果图后期修饰中的应用	★	在动画与 CG 设计中的应用	★★

效果预览 > > >

Photoshop是由Adobe公司推出的图形图像处理软件，是目前最优秀的图形图像处理软件之一。它拥有强大的图像处理功能，应用范围非常广泛，包括：广告摄影、平面设计、视觉创意、艺术文字、网页设计、数码照片处理、建筑效果图后期修饰、动画与CG设计，下面将分别对其进行详细介绍（目前，Photoshop CC的最新版本为2018版）。

❶ 在广告摄影中的应用

广告摄影作为一种对视觉效果要求较高的艺术，需要使用最简洁的图像和文字带来最强烈的视觉冲击，这就需要通过Photoshop的艺术处理来达到最好的效果，如图1-1所示。

图1-1

❷ 在平面设计中的应用

Photoshop广泛应用于平面设计领域，如图书封面、招贴与海报等，这些具有丰富图像的平面印刷品都需要使用Photoshop对其进行处理，如图1-2所示。

图1-2

❸ 在视觉创意中的应用

视觉创意是Photoshop最擅长的应用领域，通过Photoshop的艺术处理可以将原本没有关联的图像组合在一起。同时可发挥想象，并利用色彩效果自行设计富有创意的作品，如图1-3所示。

图1-3

❹ 在艺术文字中的应用

普通的文字经过Photoshop的艺术处理后可以发生各种各样的变化，并变得美轮美奂，为图像增添艺术效果，如图1-4所示。

图1-4

❺ 在网页设计中的应用

由于互联网的迅速发展与普及，Photoshop成为必不可少的网页图像处理软件，在制作网页中发挥着重要的作用，如图1-5所示。

图1-5

6 在数码照片处理中的应用

使用Photoshop，可以对各种数码照片进行合成、修复和上色等操作，如为数码照片中的人物更换发型、去除斑点、校正偏色和更换背景等。同时，Photoshop还是婚纱影楼设计师的得力助手，如图1-6所示。

图1-6

7 在建筑效果图后期修饰中的应用

在制作建筑效果图时，需要许多三维场景、人物以及配景等，此时就需要使用Photoshop添加并调整颜色效果，如图1-7所示。

图1-7

8. 在动画与CG设计中的应用

因为3dMax等三维图形图像软件的贴图制作功能不是特别理想，所以通常需要借助Photoshop来制作模型贴图。在使用Photoshop制作场景贴图和人物皮肤贴图时，不仅可以获得更加逼真的效果，还能快速渲染动画与CG设计，如图1-8所示。

图1-8

知识延伸 | Photoshop的其他应用领域

在Photoshop的应用领域中，除了前面介绍的以外，还有一些其他的应用领域，如在绘画中的应用、在插画设计中的应用以及在界面设计中的应用等。

LESSON 1.2 体验Photoshop CC的新增功能

知识级别

■初级入门 │ □中级提高 │ □高级拓展

知识难度 ★

学习时长 25 分钟

学习目标

① 了解 Photoshop CC 有哪些新增功能。
② 熟悉 Photoshop CC 新增功能的用法。

※主要内容※

内　容	难　度	内　容	难　度
画笔的相关功能	★★	选择主体	★
高密度显示器支持的缩放比例	★	在 Photoshop 中访问 Lightroom 照片	★
可变字体	★	快速共享创作	★
富媒体提示工具	★★	弯度钢笔工具	★★

效果预览 > > >

1.2.1 画笔的相关功能

在Photoshop CC中，与画笔相关的新功能主要有两个，分别是描边平滑和简化的画笔管理，具体介绍如下。

❶描边平滑

在Photoshop CC中，可以对画笔描边执行智能平滑操作。在使用画笔、铅笔、混合器画笔或橡皮擦工具时，只需在选项栏中输入平滑的值（0~100）。应用的值越大，描边的智能平滑量就越大。如果值为 0，则等同于 Photoshop 早期版本中的旧版平滑，用户可在选择画笔、铅笔、混合器画笔或橡皮擦工具后，单击工具栏上的 ⚙ 按钮，选择一种或多种模式。下面进行具体介绍。

● **拉绳模式：** 在拉绳模式中，只有在绳线拉紧时才开始绘画。另外，在平滑半径之内移动光标不会留下任何标记，如图1-9所示。

● **描边补齐：** 描边补齐是指暂停描边时，允许绘画继续使用光标补齐描边。如果需要禁用描边补齐模式，可在光标移动停止时马上停止绘画，如图1-10所示。

图1-9

图1-10

● **补齐描边末端：** 补齐描边末端模式是指完成从上一绘画位置到用户释放鼠标或触笔控件所在点的描边，如图1-11所示。

● **缩放调整：** 通过调整平滑，防止抖动描边。在缩放调整模式中，当放大素材时，减小平滑；当缩小素材时，增大平滑，如图1-12所示。

图1-11

图1-12

在使用描边平滑时，用户可以选择查看画笔带，它将当前绘画位置与现有光标位置连接在一起。通过选择"编辑"菜单中的"首选项"命令即可打开"首选项"对话框。在"光标"选项设置界面中可以设置平滑处理时显示画笔带，同时还可以指定画笔带的颜色，如图1-13所示。

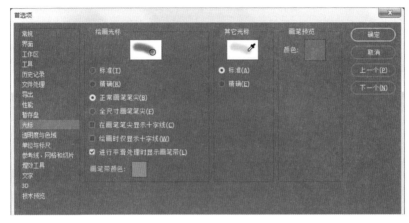

图1-13

❷ 简化的画笔管理

在Photoshop CC中，能将画笔预设组织到文件夹，包括嵌套的文件夹中，使其更加容易使用。用户可以在高度简化的"画笔"面板（由旧版本中的"画笔预设"重新命名而来）中选择使用画笔工具预设和进行相关设置。而在 Photoshop 的早期版本中，这些预设和设置只能通过选项栏操作。如果用户将画笔用作工具预设，则可以将其转换为画笔预设，并在"画笔"面板中更轻松地进行管理。

Photoshop CC中的"画笔"面板纳入了许多体验，其中有一个简单的缩放滑块，它允许用户在同一个屏幕或更小的空间内查看更多的画笔，如图1-14所示。

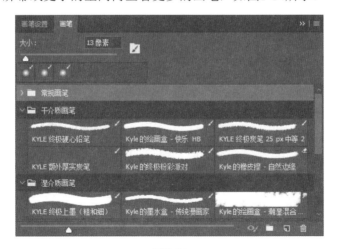

图1-14

1.2.2 选择主体

通过选择主体功能，只需单击一次鼠标，即可选择图像中最突出的主体，并识别多种对象，如人物、动物、车辆以及玩具等，如图1-15所示。

图1-15

在 Photoshop CC 中，可以通过3种方式使用选择主体功能：第一，在"选择"菜单中选择"主体"命令；第二，在使用快速选择或魔棒工具时，单击选项栏中的"选择主体"按钮；第三，在"选择并遮住"工作区中使用快速选择工具时，单击选项栏中的"选择主体"按钮。

1.2.3 高密度显示器支持的缩放比例

在Windows 10 Creators Update以及更高版本的操作系统中，Photoshop CC为UI缩放提供了全方位的选择，即以25%为增量，从100%～400%进行缩放。不管显示器的像素密度是多少，这种增强功能都能让Photoshop的用户界面看起来更加清晰锐利。同时，Photoshop CC还可以根据Windows系统设置自动调整分辨率。

此外，Adobe还与Microsoft密切合作，针对每个显示器提供缩放比例，从而确保高分辨率（HD）笔记本电脑与低分辨率桌面显示器之间的无缝协作，反之亦然。

例如，用户可以将其中一台显示器的缩放系数设置为175%，而将另一台显示器的缩放系数设置为400%。为此，可以选择配有4k屏幕的最高端13英寸笔记本电脑、较为实惠的1080P机型或者最新的8k桌面显示器，不管选择哪种显示器，都可以在 Photoshop CC中获得无与伦比的体验感。

1.2.4 在Photoshop中访问Lightroom照片

用户可以直接从Photoshop CC的"开始"工作区中访问所有同步的Lightroom照片，在"开始使用"工作区中单击"LR照片"选项，选择要打开的照片，导入选定的照片即可，如图1-16所示。在Photoshop运行过程中，若同时对Lightroom应用程序中的照片或相册进行更改，可以单击刷新按钮进行查看。另外，单击"查看更多"按钮可以查看按日期组织并以网格形式呈现的所有照片。

除了"开始使用"工作区以外，还可以使用应用程序内的搜索功能在Photoshop CC中查找、过滤、排序和导入Lightroom照片。

图1-16

> **知识延伸 | Adobe Photoshop Lightroom简介**
>
> Adobe Photoshop Lightroom是Adobe研发的一款以后期制作为重点的图形工具软件，是目前数字拍摄工作流程中不可或缺的重要部分。Lightroom强化的校正工具、强大的组织功能以及灵活的打印选项可以帮助用户加快图像后期处理速度，将更多的时间投入拍摄中。
>
> 2015年4月22日，Adobe发布了Photoshop Lightroom 6和Lightroom CC，它们是其旗下照片编辑和管理软件的最新版本。

1.2.5 可变字体

新版Photoshop支持可变字体，这是一种新的OpenType字体格式，其支持直线宽度、倾斜度以及视觉大小等自定义属性。

另外，2018版的Photoshop CC还附带了几种可变字体，通过"属性"面板中便捷的滑块控件来调整直线宽度和倾斜度。在调整这些滑块时，Photoshop 会自动选择与当前设置最接近的文字样式。例如，在设置常规文字样式的倾斜度时，Photoshop会自动将其更改为一种倾斜体的变体，如图1-17所示。

图1-17

1.2.6 快速共享创作

在Photoshop CC中，用户可以直接将创作的图形图像通过电子邮件发送或共享到多个服务。在通过电子邮件共享图像文件时，Photoshop会发出一个原始文档，即文件扩展名为"psd"的文件。对于某些特定服务和社交媒体渠道，在共享之前Photoshop会将文档自动转换为JPEG格式。

要想实现快速共享图像文件，只需要在菜单栏中选择"文件/共享"命令即可打开想要的共享面板，在Windows系统中的共享选项如图1-18所示，在MacOS中的共享选项如图1-19所示。

图1-18   图1-19

1.2.7 富媒体工具提示

对于刚刚接触Photoshop的用户，不了解每个工具的作用及其操作，Photoshop CC充分考虑到这部分用户的感受，为其提供了富媒体提示工具，只需要将鼠标光标悬停在"工具"面板中某些工具的上方，系统会自动显示出相关工具的描述和简短视频，如

图1-20所示。

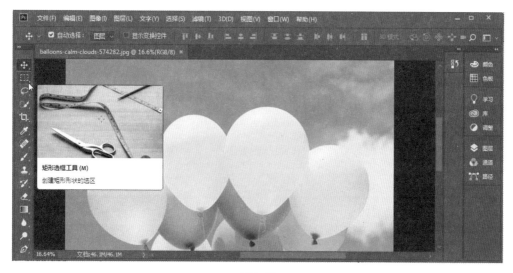

图1-20

1.2.8 弯度钢笔工具

对于无法很好掌握钢笔工具的用户，可以选择弯度钢笔工具轻松绘制平滑曲线和直线段。可以说，弯度钢笔工具是一个非常直观的工具，用户可以在设计中创建自定义形状，或定义精确的路径，从而更加轻松地优化正在处理的图像。在执行该操作时，用户无须切换工具就能创建、切换、编辑、添加或删除平滑点或角点，使用弯曲钢笔工具绘制的效果如图1-21所示。

图1-21

LESSON 1.3 认识Photoshop CC的工作界面

知识级别

■初级入门 | □中级提高 | □高级拓展

知识难度 ★

学习时长 20 分钟

学习目标

① 了解 Photoshop CC 工作界面由
哪几部分组成。
② 掌握 Photoshop CC 工作界面各
组成部分的概念。

※主要内容※

内 容	难 度
Photoshop CC 的工作界面	★★

效果预览 > > >

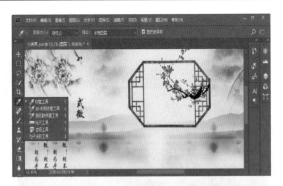

在使用Photoshop CC制作图像前，需要对其工作界面有所认识。Photoshop CC的工作界面简单而实用，工具的选择、面板的调用以及工作区的切换等都非常方便。另外，用户还可以手动调整工作界面的亮度，以突出图像。由于工作界面的改进，使用户可以获得更加高效的图像编辑体验。Photoshop CC的工作界面如图1-22所示。

图1-22

● **菜单栏：** 菜单栏在Photoshop CC工作界面的最上方，包括文件、编辑、图像、图层、文字、选择、滤镜、3D、视图、窗口和帮助菜单项，每个菜单项中均包含可以执行的各种命令，单击菜单项即可打开对应菜单，如图1-23所示。

图1-23

● **标题栏：** 在标题栏中主要显示文档名称、文件格式、窗口缩放比例和颜色模式等信息。如果文档中包含多个图层，则标题栏中还会显示当前工作的图层名称，如图1-24所示。

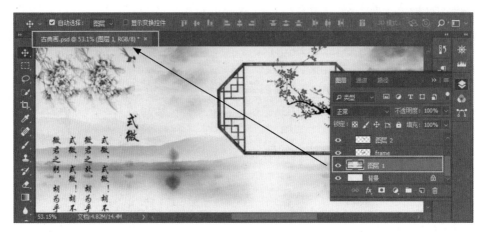

图1-24

● **工具箱：** 一般情况下，工具箱在初始状态下位于窗口的左侧，用户可以根据自己的习惯将其拖动到其他位置。利用工具箱中提供的工具可以进行选择、绘画、取样、编辑、移动、注释和查看图像等操作，还可以更改前景色和背景色，以及进行图像的快速蒙版等操作，如图1-25所示。

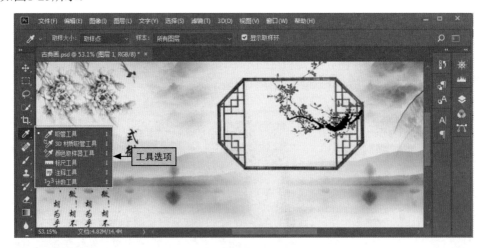

图1-25

● **选项栏：** 选项栏也被称为工具选项栏，默认位于菜单栏的下方，用户可以通过拖动手柄区移动选项栏。选项栏显示的内容不是固定的，会根据所选工具而改变显示，如图1-26所示。

图1-26

● **面板：**面板通常以组的形式出现，这是Adobe公司常用的一种面板排列方法，以前被称为浮动面板，因为它们是可以自由移动的，从最近几个版本开始，才将这些面板默认设置在工作界面的右侧，如图1-27所示。

图1-27

● **状态栏：**状态栏位于Photoshop文档窗口的底部，用来缩放图像和显示当前图像的各种参数信息，以及显示当前所用的工具信息。单击图像信息区后的小三角按钮，在弹出的快捷菜单中可以选择任意命令以查看图像的其他信息。

● **文档窗口：**在Photoshop中打开或创建一个图像文件时，便会创建一个文档窗口。文档窗口位于工作界面的中间位置，是显示和编辑图像的区域。如果需要同时对多张图像进行编辑，则可以选择平铺、在窗口中浮动或将所有内容合并到选项卡中的方式实现。

LESSON 1.4 Photoshop CC的优化设置

※主要内容※

内　容	难　度	内　容	难　度
使用预设的工作区	★	建自定义工作区	★★
修改工作区背景颜色	★★	自定义彩色菜单命令	★★
自定义工具快捷键	★★		

效果预览 > > >

1.4.1 使用预设的工作区

为了帮助用户简化某些任务，Photoshop专门内置了几种预设的工作区，如绘画、摄影以及排版规则等，用户可以直接使用这些内置的工作区即可。

在桌面左下角单击开始按钮，选择所有程序选项进入应用程序菜单列表，选择Adobe Photoshop CC 2018命令，启动Photoshop CC应用程序。此时进入Photoshop CC的开始界面，单击"窗口"菜单项，选择"工作区"命令，在其子菜单中可以看到多个预设的工作区选项，如选择"摄影"命令即可快速使用相应的工作区，如图1-28所示。

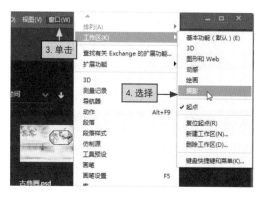

图1-28

1.4.2 创建自定义工作区

由于每个用户使用Photoshop的目的不同，所以经常用到的工具也不同，此时就可以根据实际需求对工作区进行自定义设置，其具体操作如下。

[知识演练] 根据需要新建工作区

步骤01 进入Photoshop工作界面，在菜单栏中单击"窗口"菜单项，选择需要使用的命令，如这里选择"导航器"命令。在不需要使用的面板上单击鼠标右键，如"学习"面板，在弹出的快捷菜单中选择"关闭"命令，如图1-29所示。

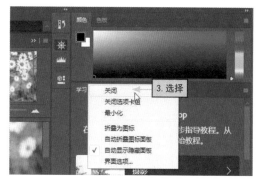

图1-29

步骤02 以相同的方法打开或关闭其他面板，然后在菜单栏中单击"窗口"菜单项，选择"工作区/新建工作区"命令。在打开的"新建工作区"对话框中，输入新建工作区的名称，单击"存储"按钮即可完成操作，如图1-30所示。

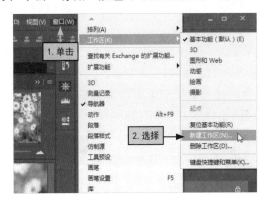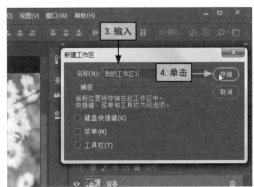

图1-30

知识延伸 | 调用自定义的工作区

自定义工作区创建好后，就可以直接对其进行调用了，具体操作是：在菜单栏中单击"窗口"菜单项，选择"工作区"命令，在其子菜单中选择自定义的工作区即可，如图1-31所示。

图1-31

1.4.3 修改工作区背景颜色

Photoshop CC工作区内置4种背景颜色，分别是黑色、深灰色、浅灰色和白色。默认情况下，Photoshop CC的工作区背景颜色为深灰色，为了便于操作，用户可以将其设置为自己喜欢的颜色。

在菜单栏中单击"编辑"菜单项，选择"首选项/界面"命令，打开"首选项"对话框，在"界面"选项设置界面中可以看到有4种颜色方案，这里选择"白色"选项，然后单击"确定"按钮即可完成工作区颜色的修改，如图1-32所示。

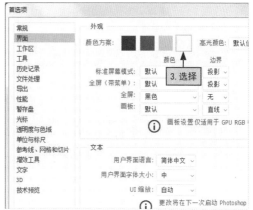

图1-32

1.4.4 自定义彩色菜单命令

如果经常要用到某些命令，可以将其设置为彩色，这样就可以在需要时快速调用，从而提高图像的编辑效率。

[知识演练] 为常用的菜单命令设置不同颜色

步骤01 在菜单栏中单击"编辑"菜单项，选择"菜单"命令。在打开的"键盘快捷键和菜单"对话框中展开"选择"目录，在其列表中选择"反选"选项，如图1-33所示。

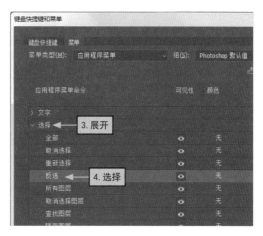

图1-33

步骤02 在选项右侧的"颜色"栏下单击对应的"无"下拉列表按钮，在打开的下拉列表中选择"红色"选项，即可将"反选"命令自定义为红色，单击"确定"按钮。返回到工作界面中，在菜单栏中单击"选择"菜单项，即可看到"反选"命令以红色底纹突出显示，如图1-34所示。

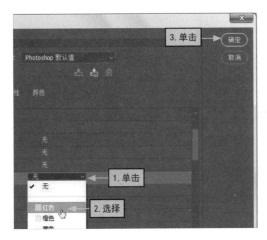

图1-34

1.4.5 自定义工具快捷键

如果经常使用某些工具，可以为其自定义快捷键，这样就可以通过快捷键快速启动需要的工具。

打开"键盘快捷键和菜单"对话框，切换到"键盘快捷键"选项卡，在"快捷键用于"下拉列表框中选择"工具"选项，在"工具面板命令"栏中选择"单行选框工具"选项，在"快捷键"栏的文本框中输入快捷键，单击"接受"按钮，再单击"确定"按钮，如图1-35所示。

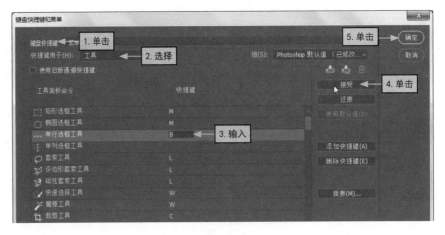

图1-35

> **知识延伸 | 删除工具的快捷键**
>
> 在"键盘快捷键和菜单"对话框的"键盘快捷键"选项卡中，选择需要删除快捷键的选项，再在右侧单击"删除快捷键"按钮，然后单击"确定"按钮。

LESSON
1.5 **Photoshop的高效运行技巧**

知识级别

□初级入门 ｜ ■中级提高 ｜ □高级拓展

知识难度 ★★

学习时长 40 分钟

学习目标

① 调整内存使用情况。

② 掌握调整高速缓存与历史记录状态的操作方法。

③ 学会配置图形处理器与暂存盘。

④ 设置效率指示器与文件自动保存时间。

※主要内容※

内　容	难　度	内　容	难　度
调整内存使用情况	★★	调整高速缓存	★
限制历史记录状态数	★	配置图形处理器（GPU）	★★
使用暂存盘	★★	设置效率指示器	★
在后台存储与自动保存	★★		

效果预览 > > >

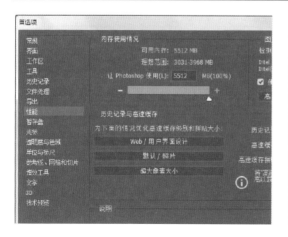

1.5.1 调整内存使用情况

适当增加Photoshop的内存使用量，可以提高其运行效率。遇到提示内存不足的问题时，需要增加内存使用量的分配值。正常情况下，默认的60%~70%已足够使用。但是，在仅运行Photoshop的情况下，建议将分配值适当增加（可以增加到100%），以提高Photoshop的运行效率。

在菜单栏中单击"编辑"菜单项，选择"首选项/性能"命令。打开"首选项"对话框，在"性能"选项设置界面的"内存使用情况"栏中拖动滑块，调整内存的使用情况，单击"确定"按钮，如图1-36所示。

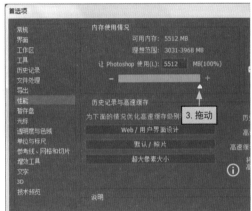

图1-36

知识延伸 | 调整内存使用情况的注意事项

虽然增加Photoshop的内存使用量，可以提高其性能，但并不是内存使用量越高就越好。这是因为在编辑图像时，可能需要同时运行其他软件，就可能导致其他软件无法正常运行。

1.5.2 调整高速缓存

通过图像高速缓存，Photoshop可以对高分辨率图像的重绘进行加速，高速缓存级别越高，重绘的速度越快。需要注意的是，增加高速缓存级别来提高Photoshop的工作响应速度，同时也会延长图像的加载时间。

如果处理的文件比较小，则将"高速缓存级别"设置为1或者2（设置为1时，可停用图像高速缓存）；如果处理的文件比较大，则将"高速缓存级别"设置为大于4。通常情况下，建议将高速缓存级别设置为4，以平衡工作响应速度和图像加载时长。

通过选择"首选项/性能"命令打开"首选项"对话框，在"性能"选项设置界面的"历史记录与高速缓存"栏中，分别对"高速缓存级别"和"高速缓存拼贴大小"选项进行设置，然后单击"确定"按钮，如图1-37所示。

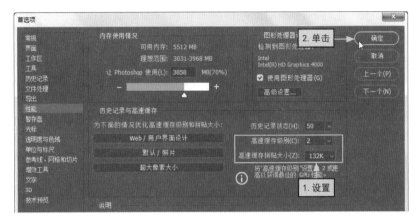

图1-37

1.5.3 限制历史记录状态数

Photoshop提供的历史记录功能，可以很方便地撤回到之前的某一步操作。历史记录功能除了可以方便操作以外，同时也增加了缓存，降低了Photoshop的操作性能。将"历史记录状态"设置成合理的值，可以减少缓存并提高性能。Photoshop记录处理步骤的默认值为"20"，最多可存储到"1000"。对于新手而言，将"历史记录状态"设置为"50"是比较合适的。

选择"首选项/性能"命令，打开"首选项"对话框，在"性能"选项设置界面的"历史记录与高速缓存"栏中，即可对"历史记录状态"进行设置，然后单击"确定"按钮，如图1-38所示。

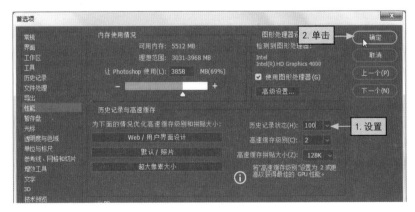

图1-38

1.5.4 配置图形处理器（GPU）

对于GPU而言，最佳的优化方法是定期更新电脑相关驱动。如果想要使用Photoshop中的视频全景图和光圈、场景以及倾斜偏移模糊等功能，则要求用户的电脑必须拥有独立显卡，然后选择"使用图形处理器加速计算"和"使用OpenCL"功能，以提高Photoshop的性能（如果电脑没有显卡，则建议取消选中所有选项，以免耗费内核显卡资源）。

打开"首选项"对话框，在"性能"选项设置界面的"图形处理器设置"栏中，选中"使用图形处理器"复选框，单击"高级设置"按钮。打开"高级图形处理器设置"对话框，选中"使用OpenCL"复选框，然后单击"确定"按钮，如图1-39所示。

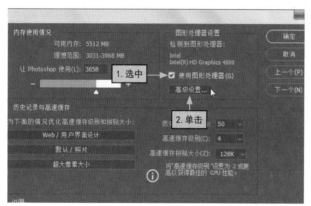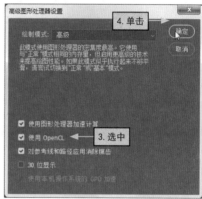

图1-39

1.5.5 使用暂存盘

当内存被完全使用后，电脑的硬盘将会承载剩余的工作量。默认情况下，暂存盘为系统（启动）分区，通常系统分区已经负载了电脑当前安装的应用程序和操作系统。因此，建议用户将所有空闲的硬盘作为暂存盘。

打开"首选项"对话框，单击"暂存盘"选项，在"暂存盘"栏中可以直接选中需要设置为暂存盘的复选框，也可以单击右侧的上下箭头，根据硬盘的使用情况进行优先级排序，然后单击"确定"按钮，如图1-40所示。

知识延伸 | 使用暂存盘的注意事项

在使用暂存盘时需要注意以下3个问题。

1.固态硬盘（SSD）比传统硬盘（HDD）速度快。

2.对于暂存盘，内部驱动比外部驱动的硬盘要快。

3.使用外部驱动时，如果有条件，最好使用USB3.0、Firewire或Thunderbolt接口。

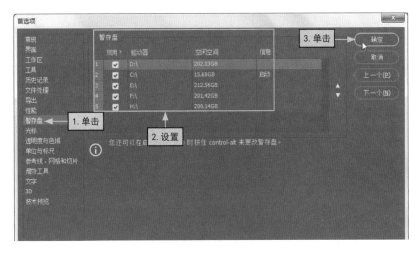

图1-40

1.5.6 设置效率指示器

如果在文档窗口下方的状态栏中选择"效率"命令，可以看到Photoshop的效率级别。显示100%，意味着效率最高。另外，用户还可以通过减少图层和智能对象的数量来提升效率，但由于未保留可编辑的源图层，可能会破坏工作流程。

在状态栏中单击"展开"按钮，在打开的列表中选择"效率"命令，此时可以在状态栏中查看到效率级别为100%，如图1-41所示。

图1-41

1.5.7 在后台存储与自动保存

在使用Photoshop编辑与处理图像时，如果启用后台存储功能，那么在存储大型文件时仍可以使用Photoshop继续工作，在状态栏中可以看到储存进度。如果关闭后台存储功能，就无法使用自动存储功能，自动存储将会存储到暂存盘。如果暂存盘没有可用空间，就会出现存储问题，因此用户可以将自动存储时间间隔设置为从每5分钟到每小时。

打开"首选项"对话框，单击"文件处理"选项，在"文件存储选项"栏中对相关属性进行设置，然后单击"确定"按钮，如图1-42所示。

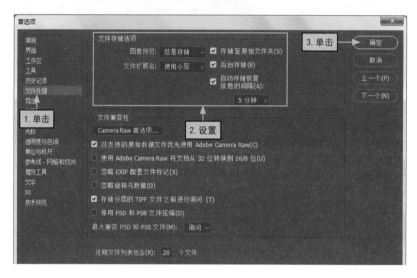

图1-42

第2章

图像处理快速入门

学习目标

　　在使用Photoshop CC对图像进行处理与编辑前，需要了解其基本操作方法。除了要了解位图和矢量图、像素与分辨率等图像术语外，还需要掌握新建、打开和保存图像文件等基本操作，以及图像和画布的调整方法等。

本章要点

- ◆ 位图与矢量图
- ◆ 新建与保存图像文件
- ◆ 更改图像文件的排列方式
- ◆ 使用标尺
- ◆ 调整图像尺寸

......

数字化图像基础

知识级别

■初级入门│□中级提高│□高级拓展

知识难度 ★

学习时长 25 分钟

学习目标

① 了解位图与矢量图的概念与区别。

② 熟悉像素与分辨率的概念与区别。

③ 认识 Photoshop 常见的图像格式。

※主要内容※

内　容	难　度	内　容	难　度
位图与矢量图	★	像素与分辨率	★
Photoshop 常见的图像格式	★★		

效果预览 > > >

2.1.1 位图与矢量图

电脑中的图形图像主要分为两种，一种是位图图像，另一种是矢量图像，它们放大后的效果如图2-1所示。

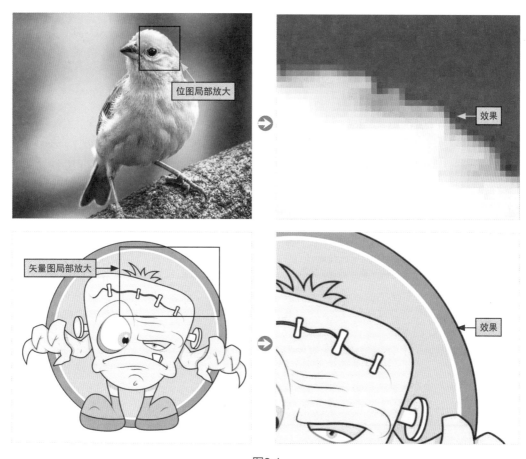

位图局部放大

效果

矢量图局部放大

效果

图2-1

由于制图结果会直接影响打印质量的精细度，因此位图与矢量图在设计中的运用非常重要，下面进行简单介绍。

● **概念**：位图，又称为点阵图像、像素图或栅格图像，由称作像素（图片元素）的单个点组成的，这些点可以进行不同的排列和染色，以构成各类图样；矢量图，又称为"向量"，矢量图形中的图形元素（点和线段）称为对象，每个对象都是一个单独的个体，具有大小、方向、轮廓、颜色和屏幕位置等属性。

● **与分辨率的关联**：位图由一个个像素点构成，当图像被放大时，像素点也会随之被放大，但每个像素点表示的颜色是单一的，所以位图被放大后会呈现马赛克效果；而矢量图与分辨率没有多大的相关性，可以将其放大或缩小到任意比例，或者以任意分辨率进行输出与打印，都不会影响图像最终的清晰度。

- **色彩丰富度：** 位图不仅能表现出色彩丰富的图像，还能逼真地表现自然界中的中的各类实物；而矢量图的色彩就比较简单，无法逼真地表现实物，通常用来表现标识、图标以及Logo等简单直接的图像。

- **文件类型：** 位图的文件类型有很多，如*.bmp、*.pcx、*.gif、*.jpg、*.tif、Photoshop的*.psd、Kodak Photo CD的*.pcd以及Corel Photo Painter的*.cpt等。矢量图的格式也有很多，如Corel DRAW的*.cdr、Adobe Illustrator的*.ai、*.EPS和SVG、AutoCAD的*.dwg和dxf、Windows标准图元文件*.wmf以及增强型图元文件*.emf等。通常情况下，矢量格式可以兼容位图格式。

- **占用空间：** 颜色信息越多或者图像越清晰，占用空间越大。位图表现的色彩比较丰富，所以占用的空间会很大；矢量图表现的图像颜色比较单一，所占用的空间会很小。

- **相互转化：** 通过软件操作，矢量图可以很容易地转换为位图；而位图想要转换为矢量图，则必须经过复杂而庞大的数据处理，最终生成的矢量图质量也会下降。

知识延伸 | 位图与矢量图的规律总结

位图文件的规律：1.图形的色彩越丰富，文件的字节数越多；2.图形的面积越大，文件的字节数越多；3.常用的绘制位图软件有Photoshop、Photo Painter、Photo Impact、Paint Shop Pro以及Painter等。

矢量图文件的规律：1.常见的线条图形和卡通图形，保存为矢量图文件要比位图文件小很多；2.可以无限放大图形中的细节，不用担心会造成失真和色块；3. 存盘后文件的大小与图形中元素的个数及每个元素的复杂程度成正比，而与图形面积和色彩的丰富程度无关；4.常用的绘制矢量图软件有Illustrator、CorelDRAW、FreeHand以及AutoCAD等。

2.1.2 像素与分辨率

在用户的生活与工作中，可能会遇到各种靓丽唯美的图片，而每张图片都有不同的像素和分辨率。有些图片的像素很大，看起来像马赛克；有些图片的像素很小，看起来非常精致。那么，像素和分辨率到底是什么，它们又有哪些关系？

❶ 像素

如果将拍摄的照片放大到一定比例，可以发现这些连续色调是由许多色彩相近的小点组成的，这些小点就是构成图形图像的最小单位"像素"（Pixel）。每个像素点的明暗程度和色彩都不相同，聚集在一起形成数码图像整体的明暗和色彩。简单来说，像素就是构成数码影像的基本单元，通常以每英寸像素（Pixels Per Inch，PPI）为单位来表示影像分辨率的大小。

通常情况下，数码相机参数中会标识出相应的像素，即在一定面积（感光元件）上的像素数量。例如，有的相机标识像素为2100万，有的相机标识像素为2420万。像素数越高，拥有的像素点就越丰富，越能表达出颜色和画面明暗的真实感，画面质量也相应越高。

②. 分辨率

使用Photoshop处理图像的第一步，就是要确保图像具有合适的分辨率。所谓分辨率，即指单位长度中所表达或撷取的像素数目，分辨率由图像水平方向和垂直方向的像素数量决定的。通常情况下，图像的分辨率越高，所包含的像素就越多，图像就越清晰，印刷的质量也就越好。但它也会增加文件占用的存储空间。分辨率包括多种类型，如图2-2所示。

图像分辨率

图像分辨率是指图像中存储的信息量，在Photoshop CC中是以厘米为单位来计算分辨率的。图像分辨率决定了图像输出的质量，它和图像尺寸（高度和宽度）的值共同决定了文件大小，且该值越大，图形文件所占用的磁盘空间也就越多。另外，图像分辨率以比例关系影响着文件大小，即文件大小与其图像分辨率的平方成正比。例如，保持图像尺寸不变，将图像分辨率提高1倍，则其文件大小增大为原来的4倍。

扫描分辨率

扫描分辨率是指在扫描一幅图像之前所设定的分辨率，它会影响所生成的图像文件质量和使用性能，决定了图像将以何种方式显示或打印。多数情况下，扫描图像是为了通过高分辨率的设备输出。如果图像扫描分辨率过低，会使输出效果变得粗糙；如果图像扫描分辨率过高，数字图像会产生超过打印所需要的信息，不但影响打印速度，而且在打印输出时会丢失图像色调的细微过渡丢失。

设备分辨率

设备分辨率（Device Resolution）又称为输出分辨率，指的是各类输出设备每英寸上可产生的点数，如显示器、激光打印机以及绘图仪的分辨率。设备分辨率通过DPI来衡量，电脑显示器的设备分辨率在60到120DPI，而打印设备的分辨率在360到2400DPI。

网屏分辨率

网屏分辨率（Screen Resolution）又称为网幕频率，指的是印刷图像所用网屏每英寸网线数，即挂网网线数，以LPI来表示。例如，200LPI是指每英寸挂有200条网线。

位分辨率

位分辨率（Bit Resolution）又称位深或颜色深度，是用来衡量每个像素储存信息的位数。位分辨率决定了每次在屏幕上可以显示多少种色彩，常见的有8位、16位、24位或32位色彩。所谓的"位"，实际上是指"2"的平方次数，8位即是2的8次方，也就是8个2相乘，最终为256。因此，一幅8位色彩深度的图像所能表现的色彩等级是256级。

图2-2

❸. 像素与分辨率的关系

像素是指图片上的点数，表示图片是由多少点构成的；而分辨率是指图片像素点的密度，用单位尺寸内的像素点，即用每英寸多少点表示（图片实际大小由像素决定）。如果将像素很高的图片的分辨率设置得较高，则打印出来的图片可能并不大，但却非常清晰；反之，如果将像素较低的图片的分辨率设置得较低，则打印出来的图片可能很大，但却不是很清晰。

另外，分辨率指单位长度上的像素值，与打印质量有关，通常用PPI来衡量。总像素是指图片的样本精度，与最终的打印尺寸有关，通常以"长×宽"的方式表示，乘积结果就是"总像素"。由于图片的宽度与高度的比例不同，所以相同的总像素可有多种规格。

2.1.3 Photoshop中常见的图像格式

图像格式决定了图像数据的存储方式、压缩方法、支持什么样的Photoshop功能，以及是否与一些应用程序兼容等。Photoshop作为编辑各种图像常用的软件，支持多种图像格式，下面介绍一些常见的图像格式。

● **PSD格式：**PSD是Photoshop图像处理软件的专用文件格式，文件扩展名是psd，可以支持图层、通道、蒙版和不同色彩模式的各种图像特征，是一种非压缩的原始文件保存格式。PSD文件有时容量会很大，但由于其可以保留所有原始信息，在图像处理中对于尚未制作完成的图像，保存为PSD格式是较好的选择。

● **JPEG格式：**JPEG是一种常见的图像格式，文件扩展名为jpg或jpeg，是一种有损压缩格式，能够将图像压缩在很小的储存空间内。但图像中重复或不重要的资料容易丢失。如果追求高品质图像，不宜采用过高压缩比例。

● **BMP格式：**BMP是一种与硬件设备无关的图像格式，采用位映射存储格式，除了图像深度可选以外，不采用任何压缩方式。因此，BMP格式文件所占用的空间很大。

● **GIF格式：**GIF是一种基于LZW算法的连续色调的无损压缩格式，其压缩率一般在50%左右，不属于任何应用程序。几乎所有相关软件都支持GIF格式，公共领域有大量的软件在使用GIF图像文件。

● **EPS格式：**EPS是跨平台的标准格式，文件扩展名为eps或epsf，主要用于矢量图像和光栅图像的存储。该格式采用PostScript语言进行描述，且可以保存其他一些类型信息，如Alpha通道、剪辑路径和色调曲线等，所以EPS格式常用于印刷或打印输出。

● **PNG格式：**开发PNG格式的目的是取代替GIF格式，无损压缩，背景可以是透明或者半透明，透明图像边缘光滑，没有锯齿。PNG是Firework的专用格式，也可以包含图层信息，Firework是一款可以和Photoshop相媲美的图像处理软件。

● **TIFF格式：**TIFF用于在应用程序之间和电脑平台之间交换文件，是一种灵活的图像格式，可被所有绘画、图像编辑和页面排版应用程序支持。TIFF格式中可以加入作者、版权、备注以及自定义信息，并存放多幅图像。

LESSON 2.2 图像文件的基本操作

知识级别

□初级入门 | ■中级提高 | □高级拓展

知识难度 ★★

学习时长 60 分钟

学习目标

① 掌握新建与保存图像文件的方法。
② 掌握打开与关闭图像文件的方法。
③ 掌握置入文件的方法。
④ 掌握导入和导出图像文件的方法。

※主要内容※

内 容	难 度	内 容	难 度
新建与保存图像文件	★	打开与关闭图像文件	★★
置入文件	★★	导入和导出图像文件	★★

效果预览 > > >

2.2.1 新建与保存图像文件

在Photoshop中不仅可以对现有的图像进行编辑，还可以新建一个空白文件，进行绘画或将其他图像拖放到其中，并进行相应的处理或编辑。另外，对新建的文件或打开的图像文件进行编辑后，需要及时对其进行保存。下面通过具体实例来讲解新建与保存图像文件的相关操作。

[知识演练] 新建与保存空白的图像文件

本节素材	◉I素材IChapter02I
本节效果	◉I效果IChapter02I练习1.psd

步骤01 启动Photoshop CC应用程序，在开始界面中单击"新建"按钮，在打开的"新建文档"对话框中输入文件名，依次设置文件的宽度、高度、分辨率、颜色模式和背景内容，然后单击"创建"按钮，如图2-3、图2-4所示。

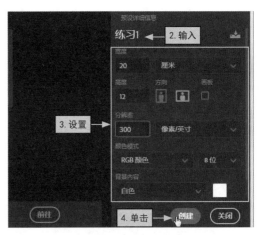

图2-3　　　　　　　　　　　　　　　图2-4

步骤02 此时在Photoshop的工作区会出现一个空白文件，在菜单栏中单击"文件"菜单项，选择"存储为"命令，在打开的"另存为"对话框中设置文件的存储路径（可在"文件名"文本框中输入新的文件名），单击"保存"按钮，如图2-5和图2-6所示。

图2-5　　　　　　　　　　　　　　　图2-6

知识延伸 | "新建文档"对话框中各选项的含义

新建图像文件时，在打开的"新建文档"对话框中有多个选项，每个选项都有特定的含义，具体介绍如图2-7所示。

"名称"文本框

用于输入图像文件的名称，默认图像文件的名称为"未标题-1""未标题-2"等。

各种预设选项卡

提供了各种常用图像文件的预设选项，如照片、打印、图稿和插图、Web及移动设备等。

"宽度"与"高度"下拉列表框

用于输入图像文件的尺寸，在右侧的下拉列表框中还可以选择单位。

"分辨率"文本框

用于输入图像文件的分辨率，分辨率越高，图像品质越好，在右侧的下拉列表框中可以选择单位。

"颜色模式"下拉列表框

用于选择图像文件的色彩模式，一般为RGB或CMYK模式，在右侧的下拉列表框中可以选择位深度。

"背景内容"下拉列表框

用于选择图像的背景颜色，包括"白色""背景色"和"透明"，"白色"为默认背景色。

图2-7

2.2.2 打开与关闭图像文件

要在Photoshop中编辑图像文件，如图片素材、数码照片等，需要先将其打开。完成图像文件的编辑后，还需要将其关闭，以避免因意外情况导致图像文件受到损坏。下面通过具体实例来讲解打开与关闭图像文件的相关操作。

[知识演练] 打开与关闭图像文件

本节素材	◉ \素材\Chapter02\飞翔气球.jpg
本节效果	◉ \效果\Chapter02\飞翔气球.jpg

步骤01 启动Photoshop CC应用程序，在开始界面中单击"打开"按钮，在"打开"对话框中选择图像文件的存储路径，选择需要打开的图像文件，然后单击"打开"按钮，如图2-8、图2-9所示。

图2-8

图2-9

步骤02 此时，在Photoshop工作区显示打开的图像文件，对其进行编辑后，标题栏中会出现"*"符号，按Ctrl+S组合键对其进行保存，然后在标题栏上单击鼠标右键，选择"关闭"命令即可关闭当前图像文件，如图2-10、图2-11所示。

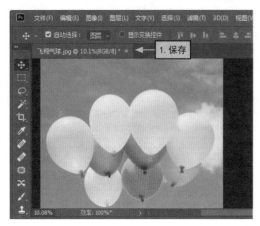
图2-10

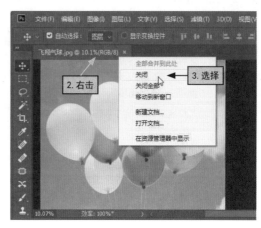
图2-11

知识延伸|使用"存储"命令保存文件

Photoshop中对已有的图像文件进行编辑后，不再需要更改图像文件的名称、保存位置以及文件格式时，可以在菜单栏中单击"文件"菜单项，选择"存储"命令（或按Ctrl+S组合键）对其进行快速保存，如图2-12所示。

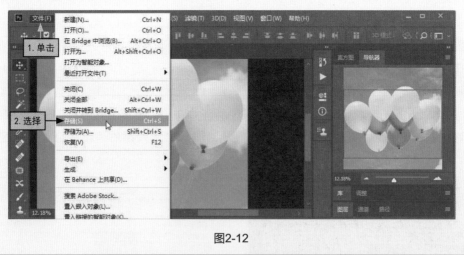
图2-12

2.2.3 置入文件

打开或新建一个图像文件后，可以将制作好的位图、EPS、PDF或AI等矢量文件作为智能对象置入图像文件中。下面通过具体实例来讲解置入文件的相关操作。

[知识演练] 在图像文件中置入其他文件

本节素材	◉ I素材IChapter02I茶道.jpg、茶壶.png
本节效果	◉ I效果IChapter02I茶道.psd

步骤01 打开"茶道.jpg"素材文件，在菜单栏中单击"文件"菜单项，选择"置入嵌入对象"命令，在打开的"置入嵌入的对象"对话框中选择需要置入的文件，单击"置入"按钮，如图2-13、图2-14所示。

图2-13

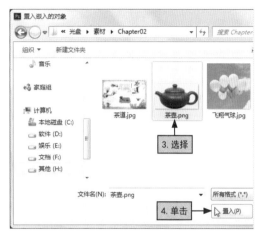

图2-14

步骤02 此时，被置入的图像会显示在打开的图像文件上，将鼠标光标移动到图像定界框的控制点上，按住Shift键拖动鼠标进行等比缩放，然后调整图片的位置，在工具箱中单击"移动工具"按钮（或按Enter键），在打开的提示对话框中单击"置入"按钮，如图2-15，图2-16所示。

图2-15

图2-16

步骤03 按Ctrl+S组合键打开"另存为"对话框，选择图像文件存储的路径，在"文件名"文本框中输入文件名，单击"保存"按钮，在打开的提示对话框中单击"确定"按钮，如图2-17、图2-18所示。

图2-17

图2-18

知识延伸 | 置入链接的智能对象

智能对象是Photoshop中的重要功能之一，它是可以保护栅格或者矢量图像原始数据的图层，是防止破坏性编辑的重要工具。在Photoshop CC中，智能对象工具中新增了"链接智能对象"的功能，如果用户使用该功能，在相互链接的多个智能对象中，若某个智能对象被编辑后，其他的智能对象也会同步更新，其具体置入方法如下：

在菜单栏中单击"文件"菜单项，选择"置入链接的智能对象"命令，然后在打开的对话框中选择需要置入的文件，如图2-19所示。

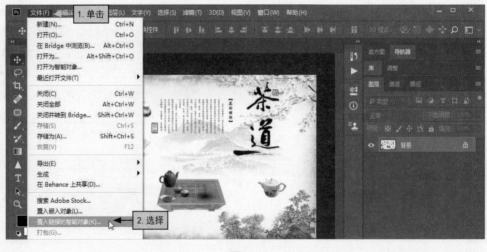

图2-19

2.2.4 导入和导出图像文件

使用Photoshop处理图像文件时，可能需要使用导入功能导入素材文件。对图像文件处理完成后，还需要使用导出功能导出图像文件。

① 导入文件

使用Photoshop可以编辑视频帧、注释和WIA等不同文件。打开或新建图像文件后，在菜单栏中单击"文件"菜单项，选择"导入"命令，即可在其子菜单中选择相应命令，从而将文件内容导入图像中，如图2-20所示。

图2-20

② 导出文件

使用Photoshop创建和编辑后的图像文件可以导出到Illustrator或视频设备中，从而满足不同需求。在菜单栏中单击"文件"菜单项，选择"导出"命令，即可在子菜单中选择相应的命令将图像文件导出，如图2-21所示。

图2-21

LESSON 2.3 图像的显示控制

知识级别

□初级入门 | ■中级提高 | □高级拓展

知识难度 ★★

学习时长 50 分钟

学习目标

① 了解图像文件的排列方式。

② 使用缩放工具调整窗口比例。

③ 使用抓手工具对画面进行移动。

④ 了解多种屏幕模式。

⑤ 使用旋转视图工具旋转画布。

※主要内容※

内容	难度	内容	难度
更改图像文件的排列方式	★	用缩放工具调整窗口比例	★★
用抓手工具移动画面	★★	在不同的屏幕模式下工作	★★
用旋转视图工具旋转画布	★★		

效果预览 > > >

2.3.1 更改图像文件的排列方式

在Photoshop中，当打开多个图像文件时，就会同时打开多个文档窗口。为了便于查看图片，用户可以选择适合自己的文档窗口排列方式。

用户在使用Photoshop同时打开多个图像文件时，可以在菜单栏中单击"窗口"菜单项，选择"排列"命令，然后在其子菜单中选择需要的窗口排列方式，如图2-22所示。

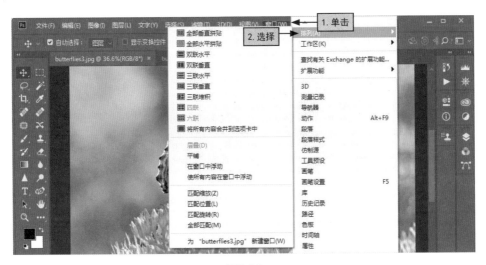

图2-22

● **层叠**：层叠是从屏幕的左上角到右下角以堆叠或层叠方式显示未停靠的窗口，只有浮动式窗口才能使用"层叠"命令，如图2-23所示。

图2-23

● **平铺：** 平铺是以边靠边的方式显示窗口，关闭一个窗口时，其他窗口会自动调整大小，以填满空缺处，如图2-24所示。

图2-24

● **在窗口中浮动：** 在窗口中浮动是指用户可以将当前窗口自由浮动，只需要拖动标题栏即可移动窗口，如图2-25所示。

图2-25

● **使所有内容在窗口中浮动：** 使所有内容在窗口中浮动的操作可以将所有窗口变为浮动窗口，窗口将以类似层叠的形式重新排列。

● **将所有内容合并到选项卡中**：将所有内容合并到选项卡中的操作可以将全屏显示其中的一个图像，然后将其他图像隐藏在选项卡中，如图2-26所示。

图2-26

● **匹配缩放**："匹配缩放"命令可以将所有窗口都匹配到与当前窗口相同的缩放比例。例如，当前窗口的缩放比例为100%，另外一个窗口的缩放比例为70%，在选择"窗口/排列/匹配缩放"命令后，所有窗口的显示比例都会自动调整为100%。

● **匹配位置**："匹配位置"命令可以将所有窗口中图像的显示位置都匹配到与当前窗口相同。 例如，当前窗口中的图像显示在偏左侧，在选择"窗口/排列/匹配位置"命令后，其他窗口中图像也将显示在偏左侧。

● **匹配旋转**："匹配旋转"命令可以将所有窗口中画布的旋转角度都匹配到与当前窗口相同。例如，当前窗口中图像的画布旋转了90°，在选择"窗口/排列/匹配旋转"命令后，其他窗口中图像的画布也将旋转90°。

● **全部匹配**："全部匹配"命令可以将所有窗口中的缩放比例、图像显示位置以及画布旋转角度与当前窗口匹配。

● **为"文件名"新建窗口**：为"文件名"新建窗口的操作可以为当前文档创建一个新的文档窗口，它与复制窗口不同，新建的文档窗口与原文档窗口在名称和其他方面完全相同。

● **排列多个文档**：打开多个文档窗口后，可以选择"窗口/排列"下拉菜单中的多个排列命令如全部垂直拼贴、全部水平拼贴、双联水平、双联垂直、三联水平、三联垂直、三联堆积、四联或六联等。

2.3.2 用缩放工具调整窗口比例

如果图像的大小不合适或者需要对其进行查看与编辑时，可以使用缩放工具快速调整文档窗口的比例，以便对图像进行操作。

当用户需要放大图像时，可以在工具箱中单击"缩放工具"按钮，然后将鼠标光标移动到图像上。此时鼠标光标变成 🔍 形状，单击鼠标左键即可放大窗口的显示比例（持续单击鼠标左键则会持续放大显示比例），如图2-27所示。

图2-27

如果需要缩小窗口的比例，可以在选择"缩放工具"以后，在工具选项栏中单击"缩小"按钮，然后单击图像即可完成操作，如图2-28所示。

图2-28

2.3.3 用抓手工具移动画面

当图像尺寸过大或由于放大了文档窗口的显示比例，导致图像在文档窗口中无法完全显示时，则可以使用抓手工具移动画面，从而查看图像的不同区域。

如果要移动图像，可以在工具箱中单击"抓手工具"按钮，然后将鼠标光标移动到图像上。此时鼠标光标变成🖐形状，按住鼠标左键并拖动，即可将需要查看的图像部分显示在文档窗口的合适位置，如图2-29所示。

图2-29

知识延伸 | 使用抓手工具缩放图片

抓手工具除了可以移动画面位置外，还可以对图片比例进行调整。选择抓手工具后，将鼠标光标定位到文档窗口中，按住Alt键后单击鼠标即可缩小图片，按住Ctrl键后单击鼠标即可放大图片。

2.3.4 在不同的屏幕模式下工作

在Photoshop CC中有3种显示图像的屏幕模式，分别是标准屏幕模式、带有菜单栏的全屏模式和全屏模式，各屏幕模式间可以进行自由切换，只需要通过工具箱中的更改屏幕模式功能即可实现。

● **标准屏幕模式：** 默认情况下，Photoshop的屏幕模式为标准屏幕模式，其中会显示菜单栏、标题栏、滚动条以及其他屏幕元素等，如图2-30所示。

图2-30

● **带有菜单栏的全屏模式：** 带有菜单栏的全屏模式会显示全屏窗口，其中带有菜单栏、工具箱和50%的灰色背景，没有标题栏、滚动条以及其他屏幕元素，如图2-31所示。

图2-31

● **全屏模式：**全屏模式就是全屏显示，只有黑色的背景，没有菜单栏、标题栏、滚动条以及其他屏幕元素，如图2-32所示。

图2-32

2.3.5 用旋转视图工具旋转画布

在Photoshop中绘画或处理图像时，为了更加方便地进行操作，用户可以使用旋转视图工具对画布进行旋转。

在工具箱的"抓手工具"上单击鼠标右键，选择"旋转视图工具"命令，将鼠标光标移动到图像上并按住鼠标左键（此时会出现一个罗盘，红色的指针指向北方），然后拖曳画布即可调整画布角度，如图2-33所示。

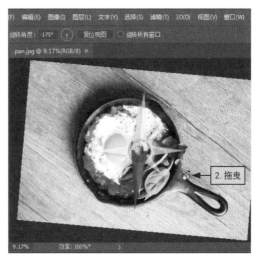

图2-33

LESSON 2.4 巧用Photoshop的辅助工具

知识级别

□初级入门 | ■中级提高 | □高级拓展

知识难度 ★★

学习时长 45 分钟

学习目标

① 使用标尺对图像定位。

② 使用参考线对齐图像。

③ 使用网格调整图像。

④ 为图像添加注释。

※主要内容※

内　容	难　度	内　容	难　度
使用标尺	★★	使用参考线	★★
使用网格	★★	添加注释	★★★

效果预览 > > >

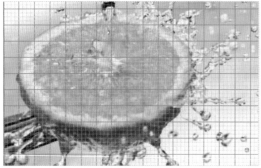

2.4.1 使用标尺

使用标尺可以确定图像或图像元素的位置，具体操作如下。

[知识演练] 使用标尺定位元素位置

步骤01 在菜单栏中单击"视图"菜单项，选择"标尺"命令（或按Ctrl+R组合键）。此时，可以在文档窗口的顶部和左侧看到标尺，默认标尺原点位于窗口的左上角，将鼠标光标移动到标尺的原点上，如图2-34、图2-35所示。

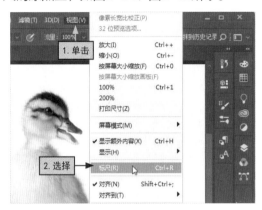

图2-34

图2-35

步骤02 按住鼠标左键并向右下方拖动鼠标，图像上就会显示出十字线，将十字线拖放到合适位置，释放鼠标，此处成为标尺原点的新位置，如图2-36、图2-37所示。

图2-36

图2-37

2.4.2 使用参考线

对图像进行编辑时，若遇到多个素材并需要通过拖曳方式来对齐时，可以使用参考线来对齐，参考线是用于参考的线条，浮在图像表面且不会被打印出来。下面介绍如何利用参考线准确编辑图像。

将鼠标光标移动到水平标尺上，按住鼠标左键并向下拖动到适合位置，释放鼠标，即可创建水平参考线，以相同方法在垂直标尺上创建垂直参考线，如图2-38所示。

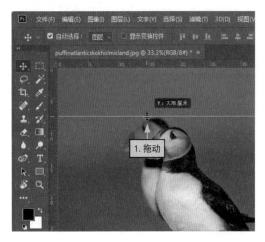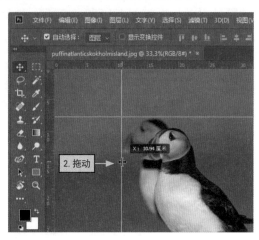

图2-38

知识延伸｜创建固定位置的参考线

除了可以直接通过标尺创建参考线以外，还可以通过命令来创建固定位置的参考线，具体操作是：在菜单栏中单击"视图"菜单项，选择"新建参考线"命令，在打开的"新建参考线"对话框中设置取向，如这里选中"垂直"单选按钮，在"位置"文本框中输入"2厘米"，单击"确定"按钮，如图2-39所示。

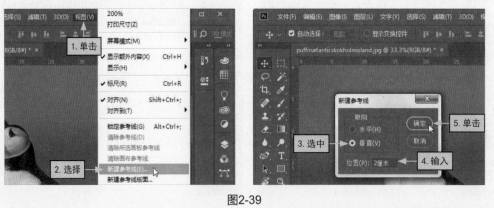

图2-39

2.4.3 使用网格设置前景色与背景色

在Photoshop CC中，为了更加准确地调整图像元素的对称性和大小，可以使用网格工具，具体操作如下。

在菜单栏中单击"视图"菜单项，选择"显示/网格"命令，操作完成后即可在图像编辑窗口中看到网格，如图2-40所示。

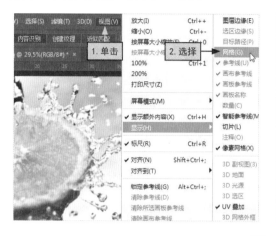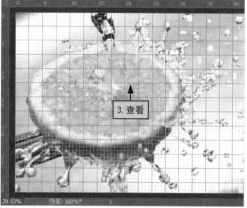

图2-40

2.4.4 添加注释

使用注释工具可以在图像的任意位置添加文字注释信息，以传达一些与图像有关的信息与说明。

在工具箱的"吸管工具"选项上单击鼠标右键，选择"注释工具"命令，此时鼠标光标变成了注释工具样式，在图像的合适位置处单击鼠标，在打开的"注释"面板中输入相关注释信息，如图2-41所示。

图2-41

LESSON 2.5 调整图像与画布

知识级别

□初级入门 ｜ ■中级提高 ｜ □高级拓展

知识难度 ★★

学习时长 50 分钟

学习目标

① 掌握调整图像尺寸的方法。

② 通过裁剪工具裁剪图像。

③ 对画布的大小进行修改。

④ 对画布的方向进行调整。

※主要内容※

内　容	难　度	内　容	难　度
调整图像尺寸	★★	裁剪图像大小	★★
修改画布尺寸	★★	旋转画布	★★

效果预览 > > >

2.5.1 调整图像尺寸

通常情况下，图像的尺寸越大，图像的体积就会越大。为了使图像的尺寸符合实际需求，用户可以对图像的大小进行调整。下面通过具体实例来讲解调整图像尺寸的相关操作。

[知识演练] 对图像的大小进行调整

本节素材	⊙l素材IChapter02\夕阳.jpg
本节效果	⊙l效果IChapter02\夕阳.jpg

步骤01 打开"夕阳.jpg"素材文件，在菜单栏中单击"图像"菜单项，选择"图像大小"命令，如图2-42所示。

图2-42

步骤02 打开"图像大小"对话框，在对话框左侧的预览图像上按住鼠标左键并拖动鼠标，可以调整图像的显示部分，从而进行预览。在对话框右侧，可以在"调整为"下拉列表框中设置尺寸大小，也可以直接设置图像的高度与宽度（尺寸大小会自动进行调整），然后单击"确定"按钮，如图2-43所示。

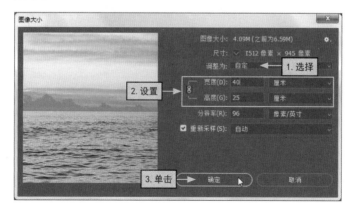

图2-43

2.5.2 裁剪图像大小

除了直接设置图像的高度与宽度外，裁剪图像也能起到调整图像尺寸的作用。由于裁剪图像是通过裁剪部分图像来实现尺寸大小的调整，所以只能减小图像的尺寸。下面通过具体实例来讲解裁剪图像大小的相关操作。

[知识演练] 通过裁剪调整图像大小

本节素材	◎ I素材IChapter02I蝴蝶.jpg
本节效果	◎ I效果IChapter02I蝴蝶.jpg

步骤01 打开"蝴蝶.jpg"素材文件，在工具箱中单击"裁剪工具"按钮，在工具选项栏中单击裁剪比例下拉按钮，选择16：9选项，将鼠标光标移动到图像的控制点上，按住鼠标左键并拖动鼠标，手动调整需要裁剪掉的部分，如图2-44、图2-45所示。

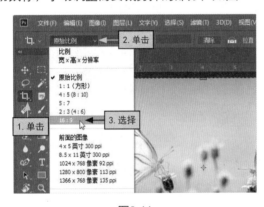

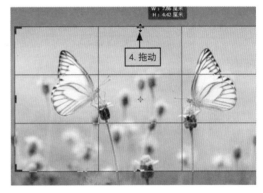

图2-44

图2-45

步骤02 在工具箱中单击"移动工具"按钮，在打开的提示对话框中单击"裁剪"按钮，返回到文档窗口中即可看裁剪后的效果，如图2-46、图2-47所示。

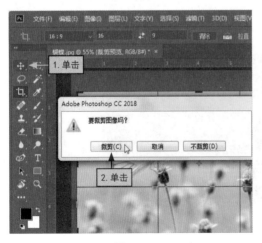

图2-46

图2-47

2.5.3 修改画布尺寸

画布是指整个文档的工作区域，通过"画布大小"命令调整画布的尺寸，不仅可以对图像进行一定的加大，还能进行裁剪。下面通过具体实例来讲解修改画布尺寸的相关操作。

[知识演练] 对图像的画布尺寸进行调整

本节素材	◎I素材IChapter02Itree.jpg
本节效果	◎I效果IChapter02Itree.jpg

步骤01 打开tree.jpg素材文件，在菜单栏中单击"图像"菜单项，选择"画布大小"命令，在打开的"画布大小"对话框中分别设置宽度和高度，单击"确定"按钮，如图2-48、图2-49所示。

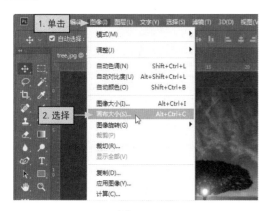

图2-48

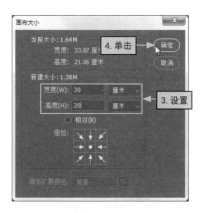

图2-49

步骤02 在打开的Adobe Photoshop CC 2018提示对话框中单击"继续"按钮，返回到文档窗口中即可看到画布的调整效果，如图2-50、图2-51所示。

图2-50

图2-51

2.5.4 旋转画布

用户除了可以对画布的大小进行调整外，还可以对画布的方向进行调整。下面通过具体的实例讲解旋转画布的相关操作。

[知识演练] 对图像的画布方向进行旋转

本节素材	◎\素材\Chapter02\cat.jpg
本节效果	◎\效果\Chapter02\cat.jpg

步骤01 打开"cat.jpg"素材文件，在菜单栏中单击"图像"菜单项，选择"图像旋转"命令，在其子菜单中选择"水平翻转画布"命令，如图2-52所示。

图2-52

步骤02 返回到文档窗口中，可以看到图像的画布出现了水平翻转，即图像的画面出现了水平翻转，如图2-53所示。

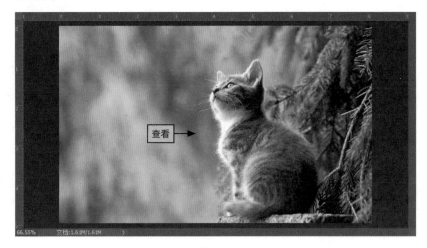

图2-53

LESSON 2.6

图像的打印与输出

知识级别

□初级入门 | ■中级提高 | □高级拓展

知识难度 ★

学习时长 40 分钟

学习目标

① 对打印基本选项进行设置。

② 使用色彩管理进行打印。

③ 打印一份图像文件。

※主要内容※

内　容	难　度	内　容	难　度
设置打印基本选项	★	使用色彩管理进行打印	★★
打印一份图像文件	★		

效果预览 > > >

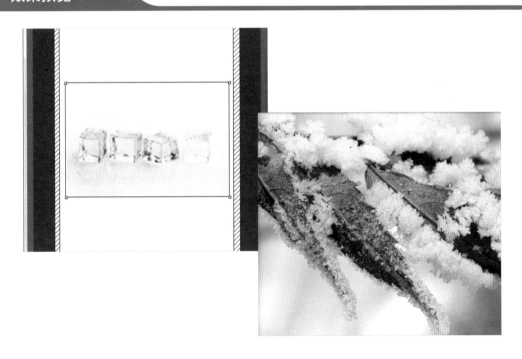

2.6.1 设置打印基本选项

在Photoshop CC中，不仅可以将处理好的图像打印输出到纸张上，还能将其打印输出到印版或数字印刷机上。在使用Photoshop CC打印图像之前，可以对打印预览、份数和位置等相应参数进行设置，此时只需要在"Photoshop打印设置"对话框中进行相关操作即可，如图2-54所示。

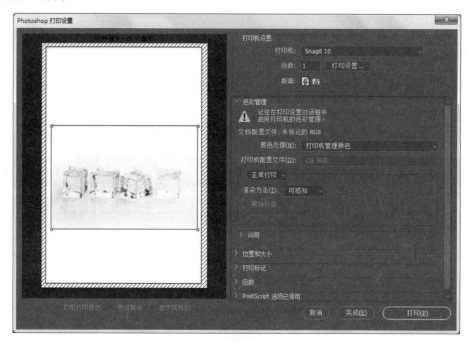

图2-54

Photoshop CC对打印基本选项进行了精简，将打印预览与打印机设置合并到了"Photoshop打印设置"对话框中，下面就来认识一下该对话框中的相关参数。

● **打印预览框**：打印预览框用于预览图像的打印效果，将鼠标光标置于图像的控制点上，按住鼠标左键并拖动，就可以对图像的大小进行预览调整。

● **"打印机设置"栏**：在其中可以选择打印机、设置打印的份数以及更改图像在纸张上的方向。通过单击"打印设置"按钮还可以对打印页面进行设置。

● **"位置和大小"栏**：在其中可以设置打印的图像在纸张上的位置与尺寸，其默认位置为居中打印。

● **"打印标记"栏**：在其中可以设置在打印的纸张上添加角裁剪标志、说明、中心裁剪标志、标签以及套准标记。如果要将图像进行商业印刷，则可以指定某些标记。

- **"函数"栏**：在其中包含"背景""边界"等参数按钮，单击任意一个按钮都可打开对应的设置对话框。

- **"完成"与"打印"按钮**：单击"完成"按钮后，Photoshop将会保存当前参数设置，但不会马上进行打印。单击"打印"按钮，系统会立即进行打印操作。

2.6.2 使用色彩管理进行打印

在Photoshop中，通过允许Photoshop处理色彩管理，用户可以充分利用自定颜色配置文件。另外，还可以选择让打印机来管理颜色。

❶ 由 Photoshop决定打印颜色

通常情况下，若有针对特定打印机、油墨和纸张组合的自定颜色配置文件，与让打印机管理颜色相比，让Photoshop管理颜色可以获得更好的效果。

在菜单栏中单击"文件"菜单项，选择"打印"命令，即可打开"Photoshop打印设置"对话框，在"色彩管理"栏的"颜色处理"下拉列表框中选择"Photoshop 管理颜色"选项，然后选择与输出设备和纸张类型最匹配的配置文件，如图2-55所示。

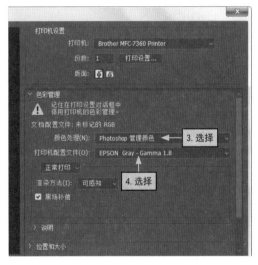

图2-55

如果存在与当前打印机相关联的配置文件，则这些配置文件就会自动出现在列表的顶部，同时处于选择状态。配置文件对输出设备的行为和打印条件（如纸张类型、纸张大小以及打印份数等）描述得越准确，色彩管理系统就可以越准确地转换文档中实际颜色的数字值。

另外，在"色彩管理"栏中有多个参数，这些参数可以帮助用户获得更好的图像打印效果，具体介绍如图2-56所示。

颜色处理

颜色处理用来确定是否使用颜色管理，如果确定使用颜色管理，则还需要确定是在应用程序中使用，还是在打印机设备中使用。

打印机配置文件

用户可以选择适合于打印机或将要使用的纸张类型的相关配置文件。当Photoshop正在执行色彩管理时，只能选择一个打印机配置文件。

正常打印/印刷校样

如果选择"正常打印"选项，则可以进行普通打印；如果选择"印刷校样"选项，则可以打印印刷校样，即模拟文档在印刷机上输出内容。

渲染方法

使用渲染方法，可以指定Photoshop将颜色转换为目标色彩空间的方式。

黑场补偿

使用黑场补偿，可以通过模拟输出设备的全部动态范围，来保留图像中的阴影细节。

图2-56

❷ 打印印刷校样

印刷校样，也被称为校样打印或匹配打印，是对最终输出在印刷机上的印刷效果的打印模拟。通常情况下，印刷校样在比印刷机便宜的输出设备上生成。其实，某些喷墨打印机的分辨率也足以生成可用作印刷校样的便宜印稿。

在菜单栏中单击"视图"菜单项，选择"校样设置"命令，然后在其子菜单中选择想要模拟的输出条件，如图2-57所示。通过使用预置值或创建自定校样设置，就可设置印刷校样，视图会根据选取的校样进行自动更改。

图2-57

知识延伸 | 由打印机决定打印颜色

如果没有针对打印机和纸张类型的自定配置文件，用户可以考虑使用打印机驱动程序来处理颜色转换。

打开"Photoshop打印设置"对话框，在"色彩管理"栏的"颜色处理"下拉列表框中选择"Photoshop 管理颜色"选项，在"打印机配置文件"下拉列表框中选择适用于输出设备的配置文件，在"校样设置"下拉列表框中选择"印刷校样"选项，即可进行校样设置，如图2-58所示。

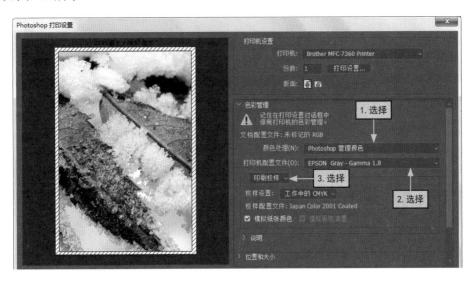

图2-58

知识延伸 | 印刷校样的参数含义

在"校样设置"栏中有多个参数，其具体介绍如图2-59所示。

> **校样设置**
>
> 选取已存在于本地硬盘驱动器上的任何自定校样。

> **模拟纸张颜色**
>
> 模拟颜色在模拟设备的纸张上的显示效。如果选中"模拟纸张颜色"复选框，则可以生成最准确的校样，但它并不适用于所有配置文件。

> **模拟黑色油墨**
>
> 对模拟设备的深色的亮度进行模拟。如果选中"模拟黑色油墨"复选框，则可以生成更准确的深色校样，但它并不适用于所有配置文件。

图2-59

2.6.3 打印一份图像文件

如果想要使用当前默认的打印设置直接打印出一份图像文件，则可以通过"打印一份"命令来实现。

在菜单栏中单击"文件"菜单项，选择"打印一份"命令（或按Alt+Shift+Ctrl+P组合键）可立即打印出一份图像文件，如图2-60所示。

图2-60

第3章

选择图像之
选区揭秘

学习目标

在Photoshop中，选区几乎无处不在，而创建选区的目的就是为了对选定区域进行修改时，可以不对其他区域产生影响。因此，创建与编辑选区是图像处理的首要工作，也是用户必须要掌握的Photoshop技能之一。

本章要点

◆ 基本形状选择法
◆ 创建选区
◆ 修改选区
◆ 填充选区
◆ 描边选区
......

LESSON 3.1 选择与抠图的方法

知识级别
■初级入门│□中级提高│□高级拓展

知识难度 ★★

学习时长 30 分钟

学习目标
了解选择与抠图的常用方法。

※主要内容※

内　容	难　度	内　容	难　度
基本形状选择法	★	色调差异选择法	★★
钢笔工具选择法	★	快速蒙版选择法	★
调整边缘选择法	★	通道选择法	★

效果预览 > > >

3.1.1 基本形状选择法

所谓"抠图"，就是在Photoshop中选择对象之后，将其从背景中分离出来的整个操作过程。抠图的方法有很多，"基本形状选择法"是最常用的一种。

如果边缘为圆形、椭圆形或矩形的对象，可以使用选框工具来选择，如图3-1所示为使用椭圆选框工具选择出的球形；如果边缘为直线的对象，则可以使用多边套索工具来选择，如图3-2所示为使用多边套索工具选择出的产品包装盒。另外，如果对选区的形状和准确度要求不高，则可以使用套索工具手动快速绘制选区。

图3-1

图3-2

3.1.2 色调差异选择法

在Photoshop中，如果需要选择的对象与背景之间的色调具有明显差异，则可以使用此种方法，即色调差异选择法。实现此方法的工具有很多，常见的有快速选择工具、魔棒工具、"色彩范围"命令、混合颜色带和磁性套索工具等。如图3-3所示为用快速选择工具抠出的图像。

图3-3

3.1.3 钢笔工具选择法

钢笔工具属于矢量工具，可以绘制出光滑的曲线路径。如果选择的对象边缘光滑，且呈现出不规则形状，则可以使用钢笔工具描摹出对象的轮廓，然后将轮廓转换为选区，从而选择对象，如图3-4所示。

图3-4

3.1.4 快速蒙版选择法

在图像上创建选区之后，单击工具箱中的"快速蒙版"按钮，即可进入快速蒙版状态，并将选区转换为蒙版图像。此时，用户便可使用各种绘图工具和滤镜对选区进行比较细致的加工，与日常处理图像类似。如图3-5所示为图像的普通选区，如图3-6所示为图像在快速蒙版状态下的选区。

图3-5　　　　　　　　　　　　　　图3-6

3.1.5 调整边缘选择法

"调整边缘"命令的主要功能是修改选区。简单来说，当创建的选区不够精确时，就可以使用该命令来进行调整。"调整边缘"命令可以帮助用户轻松选择头发、胡须等细微

的图像，还能消除选区边缘的背景色。如图3-7所示为使用"调整边缘"命令修改选区之后
抠出来的图像。

图3-7

3.1.6 通道选择法

除了前面介绍的几种选择与抠图方法外，还有一种比较好用的方法，就是"通道"。
通道是强大的抠图工具，适合选择某些细节丰富的对象、透明对象以及边缘模糊的对象
等。在通道中，用户可以使用画笔、滤镜、选区以及混合模式等工具来选择，如图3-8所示
的企鹅就是使用通道选择法抠出来的图像。

图3-8

知识延伸 | 插件选择法

针对于Photoshop，许多第三方公司开发了专门用于选择与抠图的插件程序，如Vertus Fluid
Mask、KnockOut、DFT EZ Mask以及"抽出"滤镜等。用户可以将这些抠图插件安装在
Photoshop中，从而提高图像处理效率。

LESSON 3.2 选区的基本操作

知识级别

□初级入门 | ■中级提高 | □高级拓展

知识难度 ★★

学习时长 50 分钟

学习目标

① 掌握创建选区的多种方法。

② 了解全选与反选选区。

③ 了解修改选区的方法。

※主要内容※

内　容	难　度	内　容	难　度
创建选区	★★	全选与反选选区	★★
修改选区	★★★		

效果预览 > > >

3.2.1 创建选区

在Photoshop中对图像的局部进行处理时，首先需要指定编辑操作的有效区域，即创建选区。选区主要用于选择图层中的图像，以便对指定区域进行编辑，而选区外的图像则不受影响。创建选区的方法有很多，可以使用的选择工具也有很多，下面就来认识它们。

❶使用选框工具绘制矩形选区

选框工具是创建选区最常用的工具，通过选框工具可以绘制固定的矩形选区。在工具箱中的选框工具组上单击鼠标右键，可以看到多种选框工具，如图3-9所示。

图3-9

● **矩形选框工具：**使用选框工具组中的矩形选框工具，可以快速创建矩形或正方形选区，如图3-10所示。选择矩形选框工具后，按住Shift键的同时绘制形状，即可创建出正方形选区。

图3-10

● **椭圆选框工具**：椭圆选框工具的使用方法与矩形选框工具的使用方法类似。椭圆选框工具可以创建椭圆和圆形两种选区，如图3-11所示。

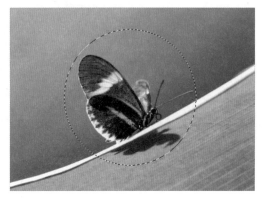

图3-11

● **单行选框工具与单列选框工具**：使用单行或单列选框工具可以创建出高或宽为1像素的行或列选区。选择单行或单列选框工具后，在图像上需要创建行或列选区的位置单击鼠标即可，如图3-12所示。

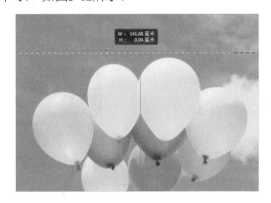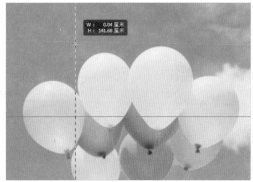

图3-12

②.使用快速选择工具创建选区

　　快速选择工具位于魔棒工具组中，通过查找和追踪图像的边缘来创建选区，用户可以像画画一样选取目标图像。在魔棒工具组中选择"快速选择工具"选项，即可创建选区。使用快速选择工具可以创建3种状态的选区，具体介绍见表3-1。

表3-1

创建选区的方式	详　情
创建单个图像选区	选择快速选择工具后，将鼠标光标移动到图像上，当鼠标光标变成⊕形状时，在需要选择的目标图像位置处单击鼠标，即可创建单个图像选区

续表

创建选区的方式	详 情
创建连续的图像选区	选择快速选择工具后，将鼠标光标移动到图像上，按住鼠标左键不放并拖动鼠标，即可创建出连续的图像选区
创建不连续的图像选区	选择快速选择工具后，将鼠标光标移动到图像上，单击鼠标创建第一个图像选区，然后按住Shift键在图像的其他位置以相同方法创建选区，即可创建多个不连续的图像选区

❸ 使用魔棒工具创建选区

由于魔棒工具可以快速选取图像中颜色相同或相近的区域，所以比较适合用于选择颜色和色调比较单一的图像，具体操作如下。

在工具箱的魔棒工具组上单击鼠标右键，选择"魔棒工具"选项，在工具选项栏中对魔棒工具的属性进行设置。此时，鼠标光标在图像上变为↖形状，在需要创建选区的位置处单击鼠标即可创建一个选区。如果需要创建多个选区，则可以在按住Shift键的同时多次单击鼠标，如图3-13所示。

图3-13

选择魔棒工具后，工具选项栏中就会显示与魔棒工具有关的选项，而每个选项都有特定的含义与功能，其具体介绍见表3-2。

表3-2

选项名称	含义及功能
"容差"文本框	用于设置选择的颜色范围，单位是像素，取值范围为0～255。输入的值越大，选择的颜色范围就越大，颜色的差别就越大；输入的值越小，选择的颜色范围越小，颜色就越接近
"消除锯齿"复选框	如果选中该复选框，则选区周围的锯齿消失

续表

选项名称	含义及功能
"连续"复选框	如果选中该复选框，表示只能选择颜色相同的连续图像；反之，则表示可在当前图层中选择颜色相同的所有图像
"对所有图层取样"复选框	如果图像中含有多个图层，选中该复选框就表示对图像中的所有图层都起作用；反之，则表示只对当前选中的图层起作用

❹ 使用套索工具组创建选区

在套索工具组中，包括3种可以创建不规则选区的工具，它们可以帮助用户随心所欲地选取需要的图像选区。

● **套索工具**：使用套索工具可以创建任意形状的选区。选择该工具后，在图像中按住鼠标左键并拖动，完成后释放鼠标即可创建选区，如图3-14所示。

图3-14

● **多边形套索工具**：使用套索工具创建选区时，对选区的精准度不易进行控制，而多边形套索工具则恰好弥补了这个缺点，其可精准创建选区，所以比较适合选取边界较为复杂或直线较多的图像，如图3-15所示。

图3-15

● **磁性套索工具：** 在图像中颜色反差较大的区域创建选区时，可以选择磁性套索工具。在使用磁性套索工具时，它的框线会紧贴图像中定义区域的边缘创建选区，如图3-16所示。

图3-16

3.2.2 全选与反选选区

在对图像的选区进行操作时，有两个选区功能是常用的，即全选选区与反选选区，具体介绍如下。

❶全选选区

全选选区就是指包含当前文档边界中的所有图像选区，要想对图像进行全选操作，只需要在菜单栏中单击"选择"菜单项，选择"全部"命令（或按Ctrl+A组合键）即可，如图3-17所示。

如果要复制整个图像，可以先全选整个图像，然后按Ctrl+C组合键（若文档中包含多个图层，则可以按Shift+Ctrl+C组合键来实现复制）。

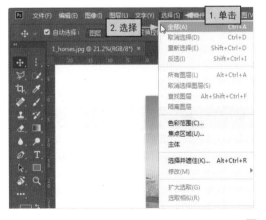

图3-17

❷反选选区

反选选区，即将选区反转过来，选中除选区以外的其他所有图像区域。首先创建选区，然后在菜单栏中单击"选择"菜单项，选择"反选"命令（或按Shift+Ctrl+I组合键），即可反选选区，如图3-18所示。

图3-18

知识延伸 | 取消选区

选区创建完成后，在菜单栏中单击"选择"菜单项，选择"取消选择"命令（或按Ctrl+D组合键），即可快速取消当前创建的选区。

3.2.3 修改选区

修改选区主要有两种情况，分别是指增减或相交选区、扩大或缩小选区。用户通过对创建的选区进行修改，可以使选区更符合需求。

❶增减或相交选区

在选择选区工具时，工具栏中将出现与选区工具有关的编辑选项，分别是"新选区""增加到选区""从选区减去"和"与选区相交"，如表3-3所示。通常情况下，在对图像进行处理时很难一次性选中目标对象，此时就可以通过这些功能选项来对选区进行完善。

表3-3

选项名称	详　解
新选区	在工具选项栏中单击"新选区"按钮后，如果图像中没有选区，则可以创建一个选区；如果图像中存在选区，则可以新创建一个选区，并将原有的选区替换掉
增加到选区	在工具选项栏中单击"增加到选区"按钮后，可以在原有选区的基础上添加新的选区

续表

选项名称	详　解
从选区减去	在工具选项栏中单击"从选区减去"按钮后,可以在原有选区中减去新创建的选区
与选区相交	在工具选项栏中单击"与选区相交"按钮后,图像中只会保留原有选区与新创建的选区相交的部分

② 扩大或缩小选区

在创建选区后,如果对选择的范围不满意,则可以通过扩大或缩小的方式调整选区的范围。在菜单栏中单击"选择"菜单项,选择"修改"命令,在其子菜单中可以看到与扩大或缩小选区相关的功能命令,如图3-19所示。

图3-19

● **边界选区:** 使用"边界"命令可以在已创建的选区边缘再新建一个相同的选区,并使得选区的边缘过渡柔和。在"修改"子菜单中选择"边界"命令,在打开的"边界选区"对话框中设置边界的宽度,然后单击"确定"按钮,如图3-20所示。

图3-20

● **平滑选区**：使用"平滑"命令可以使选区的尖角平滑，并消除锯齿。在"修改"子菜单中选择"平滑"命令，在打开的"平滑选区"对话框中设置边界的宽度，然后单击"确定"按钮，如图3-21所示。

图3-21

● **扩展收缩选区**：在图像上创建选区时，如果选区大小不合适，则可以使用"扩展"或"收缩"命令扩展或收缩选区。在"修改"子菜单中选择"扩展"命令或"收缩"命令，在打开的"扩展选区"或"收缩选区"对话框中设置扩展量或收缩量，然后单击"确定"按钮。如图3-22所示。

图3-22

知识延伸｜羽化选区

在Photoshop中，使用"羽化"命令能够使选区边缘产生逐渐淡出的效果，让选区边缘平滑、自然。另外，在合成图像时，适当的羽化可以使合成效果更加自然。不过，在羽化选区后不能立即通过选区查看到图像效果，需要对选区内的图像进行移动和填充等操作后，才能看到图像边缘的柔和效果。在"修改"子菜单中选择"羽化"命令，在打开的"羽化选区"对话框中设置羽化半径，然后单击"确定"按钮即可。

LESSON 3.3 选区的编辑操作

知识级别

□初级入门 | ■中级提高 | □高级拓展

知识难度 ★★

学习时长 60 分钟

学习目标

① 掌握填充选区的方法。

② 运用描边调整选区边缘。

③ 学会存储选区与载入选区。

※主要内容※

内　容	难　度	内　容	难　度
填充选区	★★	描边选区	★★★
存储选区	★★	载入选区	★★

效果预览 > > >

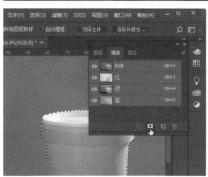

3.3.1 填充选区

在Photoshop中，填充选区包括为选区填充前景色、背景色以及图案，而填充选区主要有两种方法，分别是使用"填充"命令填充选区和使用油漆桶工具填充选区。

❶.使用"填充"命令填充选区

使用"填充"命令填充选区是比较常用的方式，下面以具体的实例进行介绍。

[知识演练] 使用"填充"命令修改选区的颜色

本节素材	◎素材\Chapter03\pen_paper.jpg
本节效果	◎效果\Chapter03\pen_paper.jpg

步骤01 打开pen_paper.jpg素材文件，用任意选区工具在图像上创建选区，在菜单栏中单击"编辑"菜单项，选择"填充"命令，如图3-23所示。

步骤02 打开"填充"对话框，在"内容"下拉列表栏中，选择"颜色"选项，如图3-24所示。

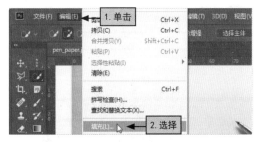

图3-23

图3-24

步骤03 打开"拾色器（填充颜色）"对话框（后面章节会详细介绍拾色器），单击鼠标选择填充颜色，单击"确定"按钮，如图3-25所示。

步骤04 返回到"填充"对话框中，在"混合"栏中设置填充的不透明度，单击"确定"按钮，如图3-26所示。

图3-25

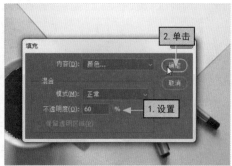

图3-26

步骤05 返回到文档窗口中，在菜单中单击"选择"菜单项，选择"取消选择"命令，即可看到最终的填充效果，如图3-27所示。

图3-27

② 使用油漆桶工具填充选区

在工具箱中选择油漆桶工具，然后在选区中单击鼠标即可为选区中的对象指定填充颜色或图像，它的着色范围取决于邻近像素的颜色与被单击像素颜色之间的相似程度。在油漆桶工具的工具选项栏中有多个选项，每个选项的含义如图3-28所示。

"填充方式"下拉列表框
"填充方式"下拉列表框用于设置填充的方式。如果选择"前景"选项，则使用前景色填充；如果选择"图案"选项，则使用定义的图案填充。

"图案"下拉列表框
"图案"下拉列表框用于设置进行图案填充时的填充图案。

"消除锯齿"复选框
"消除锯齿"复选框用于调整填充边缘的状态，选中该复选框可以去除填充后的锯齿状边缘。

"连续的"复选框
选中"连续的"复选框将只能填充连续的像素。

"所有图层"复选框
选中"所有图层"复选框可以设定填充对象为所有的可见图层。如果取消选中，则只有当前图层可以被填充。

图3-28

3.3.2 描边选区

描边选区是指对所创建的选区边缘进行操作，简单来说就是为选区的边缘添加颜色和设置宽度等，下面以具体实例进行介绍。

[知识演练] 使用"描边"命令修改选区的颜色

本节素材	◉I素材IChapter03Igreen.jpg
本节效果	◉I效果IChapter03Igreen.jpg

步骤01 打开green.jpg素材文件，通过任意选区工具在图像上创建选区，在菜单栏中单击"编辑"菜单项，选择"描边"命令，如图3-29所示。

步骤02 打开"描边"对话框，在"描边"栏中设置宽度，然后单击"颜色"选项后的颜色条，如图3-30所示。

图3-29

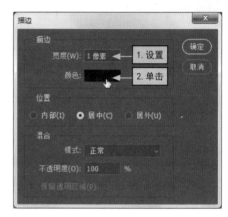

图3-30

步骤03 打开"拾色器（描边颜色）"对话框，单击鼠标选择填充颜色，单击"确定"按钮，如图3-31所示。

步骤04 返回到"描边"对话框，分别设置描边的位置、描边颜色的模式等参数，单击"确定"按钮返回到文档窗口中，按Ctrl+D组合键取消选区，即可看到描边效果，如图3-32所示。

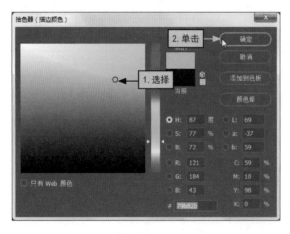

图3-31

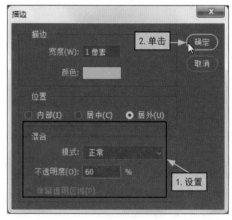

图3-32

3.3.3 | 存储选区

选区创建并调整完成后，如果希望以后能够再次使用，则可以将其存储起来。存储选区主要有两种方式，具体介绍如下。

● **通过"通道"面板存储选区：** 打开"通道"面板，单击其底部的"将选区存储为通道"按钮，即可将选区保存到Alpha通道中，如图3-33所示。

图3-33

● **通过"存储选区"命令存储选区：** 在菜单栏中单击"选择"菜单项，选择"存储选区"命令，即可打开"存储选区"对话框，在其中可对存储选项进行设置，设置完成后单击"确定"按钮，如图3-34所示。

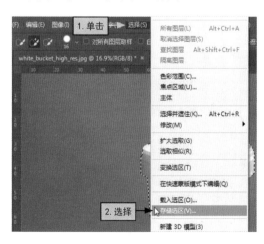

图3-34

知识延伸 | "存储选区"对话框中选项的含义

"存储选区"对话框中含有多个属性选项，各选项的含义如图3-35所示。

"文档"下拉列表框

在"文档"下拉列表框中，可以选择保存选区的目标图像位置（其默认为当前图像）。如果选择"新建"选项，则将其保存到新图像中。

"通道"下拉列表框

用户可以选择将选区存储到一个新建的通道中，或将其存储到其他的Alpha通道中。

"名称"文本框

"名称"文本框用于输入要存储选区的新通道名称。

"操作"栏

若保存选区的目标图像中含有选区，可以选择在通道中合并选区的方式。若选中"新建通道"单选按钮，则可以将当前选区存储到新通道中；若选中"添加到通道"单选按钮，则可将当前选区添加到目标通道的现有选区中；若选中"从通道中减去"单选按钮，则可以从目标通道内的现有选区中删去当前的选区；若选中"与通道交叉"单选按钮，则可以从当前选区和目标通道中的现有选区交叉的区域中存储一个选区。

图3-35

3.3.4 载入选区

如果用户需要使用以前存储的选区，则可以通过载入选区的方式将其载入图像中。按住Ctrl键，然后在"通道"面板上单击存储的通道预览图，即可将选区载入图像中，如图3-36所示。

在菜单栏中选择"选择/载入选区"命令，也可载入选区。选择该命令后可打开"载入选区"对话框，在"通道"下拉列表框中选择选区，单击"确定"按钮即可，如图3-37所示。

图3-36

图3-37

第4章

图像分割的
分层处理

学习目标

图像分割的分层处理，是指在图层上对图像进行处理。简单来说，图层就像是含有文字或图形等元素的胶片，一张张按顺序叠放在一起，组合起来就构建出了一幅完整的图像。对某张图层上的图像进行修改，其他图层上的图像不会受到任何影响。

本章要点

◆ 创建图层
◆ 隐藏与锁定图层
◆ 使用图层样式
◆ 应用和复制图层样式
◆ 载入样式库中的样式
······

LESSON 4.1 图层的简单编辑

知识级别

■初级入门｜□中级提高｜□高级拓展

知识难度 ★★

学习时长 60 分钟

学习目标

① 了解图层的多种创建方法。

② 选择图层的几种方法。

③ 对图层进行复制与删除。

④ 对图层进行隐藏与锁定。

⑤ 对图层进行合并和层组。

⑥ 修改图层的名称和颜色。

⑦ 对图层内容进行栅格化操作。

※主要内容※

内　容	难　度	内　容	难　度
创建图层	★★	选择图层	★
复制与删除图层	★★	隐藏与锁定图层	★★★
图层的合并和层组	★★★	修改图层的名称和颜色	★★
栅格化图层内容	★★★		

效果预览 > > >

4.1.1 创建图层

在Photoshop CC中，图层的创建方法有很多，如在"图层"面板中创建、使用"新建"命令创建以及"通过拷贝的图层"命令创建，其具体介绍如下。

❶ 在"图层"面板中创建图层

在"图层"面板中创建图层是最常用的方式，主要分为两种情况，分别是在图层上方创建图层和在图层下方创建图层。

● **在图层上方创建图层：** 在"图层"面板上单击"创建新图层"按钮，可在当前图层上创建一个新图层，而新建的图层将会自动成为当前被选择的图层，如图4-1所示。

图4-1

● **在图层下方创建图层：** 首先按住Ctrl键，然后在"图层"面板中单击"创建新图层"按钮，即可在图层下方创建图层，如图4-2所示。需要注意的是，在"背景"图层下不能再创建图层。

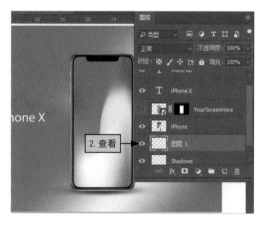

图4-2

② 使用"新建"命令创建图层

想要创建图层并设置图层属性，如图层名称、样式、模式以及透明度等，则可以通过"新建"命令打开"新建图层"对话框，对相应的属性进行设置，其具体操作如下。

[知识演练] 使用"新建"命令为番茄素材新建图层

本节素材	◎ I素材IChapter04Itomato.jpg
本节效果	◎ I效果IChapter04Itomato.psd

步骤01 打开tomato.jpg素材文件，在菜单栏中单击"图层"菜单项，选择"新建/图层"命令，如图4-3所示。

步骤02 打开"新建图层"对话框，在"名称"文本框中输入图层的名称，依次对颜色、模式以及不透明度等属性进行设置，然后单击"确定"按钮，如图4-4所示。

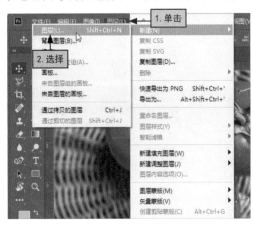
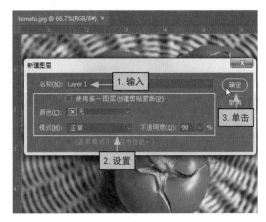

图4-3   图4-4

步骤03 此时，可以在"图层"面板中看到创建的新图层，名为"Layer 1"，按Ctrl+S组合键对图像进行保存即可，如图4-5所示。

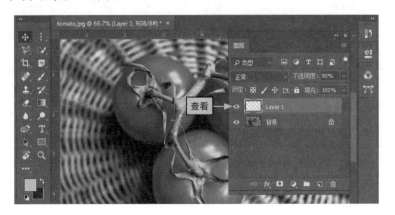

图4-5

在"颜色"下拉列表框中选择一种颜色后，可以使用颜色对图层进行标记。在Photoshop中，使用颜色标记图层称为颜色编码。用颜色可以有效区分不同用途的图层或图层组。

3. 使用"通过拷贝的图层"命令创建图层

如果在图像中没有创建选区，则可以使用"通过拷贝的图层"命令快速复制当前图层；如果在图像中创建了选区，则可以使用"通过拷贝的图层"命令快速将选区中的图像复制到新图层中，且原图层中的内容不变。

在菜单栏中单击"图层"菜单项，选择"新建/通过拷贝的图层"命令，可以在"图层"面板中看到创建的新图层，如图4-6所示。

图4-6

4. 创建图层背景

通常情况下，用户在创建一个文档图像时，其背景颜色为白色或背景色。如果使用透明色作为背景，则在处理好图像之后，可以再为其添加一个适合的背景。为图像创建图层背景的具体操作如下。

[知识演练] 快速为"蝴蝶"素材创建背景图层

本节素材	◉|素材|Chapter04|蝴蝶.psd
本节效果	◉|效果|Chapter04|蝴蝶.psd

步骤01 打开"蝴蝶.psd"素材文件，在工具箱中单击"背景色"按钮，如图4-7所示。

步骤02 打开"拾色器（背景色）"对话框，选择需要的背景颜色，单击"确定"按钮，如图4-8所示。

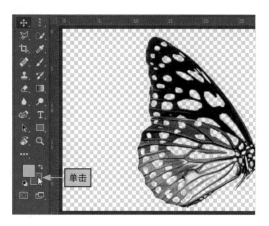

图4-7 · 图4-8

步骤03 返回到Photoshop主界面中，在菜单栏中单击"图层"菜单项，选择"新建/图层背景"命令，如图4-9所示。

步骤04 此时，可以看到图像添加了背景（颜色为背景色），而且当前图层也会被转换为背景图层，如图4-10所示。

图4-9 · 图4-10

知识延伸 | 认识"图层"面板

"图层"面板是用来创建、编辑和管理图层的控制面板，在该面板中可以看到图像所有的图层、图层组与图层效果。

4.1.2 选择图层

用户要想对图层进行编辑操作，首先需要选择目标图层。选择图层的方式有很多，具体介绍如下。

● **选择一个图层：** 在"图层"面板上，直接单击目标图层选项即可选择该图层，选择后会
成为当前图层。

● **选择多个图层：** 若需要选择多个相邻的图层，则可以先选择第一个图层，在按住Shift键
的同时选择最后一个图层，如图4-11所示；若需要选择多个不相邻的图层，则可以先选择
第一个图层，在按住Ctrl键的同时再选择其他图层，如图4-12所示。

图4-11

图4-12

● **选择所有图层：** 若需要选择"图层"面板中的所有图层，则可以在菜单栏中单击"选
择"菜单项，选择"所有图层"命令，如图4-13所示。

图4-13

知识延伸 | 取消选择图层

如果不希望任何图层被选择，则可以
在菜单栏中单击"选择"菜单项，
选择"取消选择图层"命令，如
图4-14所示。

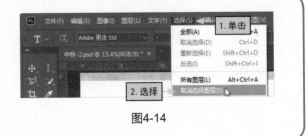
图4-14

4.1.3 复制与删除图层

在使用Photoshop编辑图像时，复制图层与删除多余图层是很常见的操作，具体介绍如下。

❶ 复制图层

在Photoshop CC中，复制图层主要有两种方式，分别是通过命令复制图层和在"图层"面板中复制图层。

● **通过命令复制图层：** 在"图层"面板中选择需要复制的图层，在菜单栏中单击"图层"菜单项，选择"复制图层"命令。打开"复制图层"对话框，输入图层名称并设置相关选项，然后单击"确定"按钮，如图4-15所示。

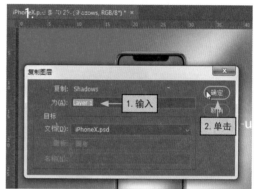

图4-15

● **通过"图层"面板复制图层：** 在"图层"面板中选择需要复制的图层，按住鼠标左键将其拖动到"创建新图层"按钮上，即可快速复制图层，如图4-16所示。

图4-16

2. 删除图层

在对图像进行编辑时，可能会产生一些多余的图层，为了不让其影响图像的大小，可以将其删除。同样，删除图层也有两种方式，具体介绍如下。

● **通过命令删除图层：** 在"图层"面板中选择需要删除的图层，在菜单栏中单击"图层"菜单项，选择"删除/图层"命令，即可删除当前图层，如图4-17所示。

● **通过"图层"面板删除图层：** 在"图层"面板中，直接将需要删除的图层拖动到"删除图层"按钮上，即可删除该图层，如图4-18所示。

图4-17

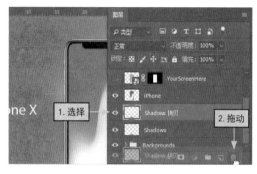

图4-18

4.1.4 隐藏与锁定图层

如果一个图像中含有多个图层，为了避免其他图层遮挡视线，从而影响操作，用户可以将暂时不操作的图层隐藏起来。另外，为了防止对其他图层做出错误操作，还可以将其锁定。

在"图层"面板中选择需要隐藏的图层，单击目标图层左侧的"指示图层可见性"图标，即可将其隐藏，如图4-19所示。在"图层"面板中选择需要锁定的图层，然后单击"锁定全部"按钮，即可将目标图层锁住，如图4-20所示。

图4-19

图4-20

4.1.5 图层的合并和层组

在对图像的图层进行编辑时，可以将编辑好的多个图层合并为一个图层，从而减小文件的体积。另外，若要对多个图层进行同一操作，则可以将它们进行层组。

[知识演练] 多个图层的合并和层组操作

本节素材	◎I素材IChapter04IiPad.psd
本节效果	◎I效果IChapter04IiPad.psd

步骤01 打开iPad.psd素材文件，在"图层"面板中选择iPad和base图层，并单击鼠标右键，在弹出的快捷菜单中选择"合并图层"命令，如图4-21所示。

步骤02 此时，所选的多个图层将被合并为一个图层，并以位居第一的图层名称命名。选择要合并到一个组中的多个图层，并单击鼠标右键，在弹出的快捷菜单中选择"从图层建立组"命令，如图4-22所示。

图4-21

图4-22

步骤03 打开"从图层新建组"对话框，在"名称"文本框中输入文本"iPad Gold"，然后单击"确定"按钮，如图4-23所示。

步骤04 在"图层"面板上会自动创建一个名为iPad Gold的图层组，将之前选择的图层包含在其中（还可以将其他需要的图层拖动到其中），如图4-24所示。

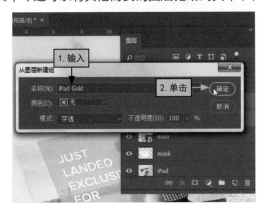

图4-23

图4-24

4.1.6 修改图层的名称和颜色

对于图层数量较多的图像文件，用户可以为其设置容易识别的名称，或者为其添加比较显眼的颜色，从而可以在多个图层中快速找到目标图层。

[知识演练] 对手机素材文件的名称和颜色进行修改

本节素材	◎I素材IChapter04liPhone6.psd
本节效果	◎I效果IChapter04liPhone6.psd

步骤01 打开iPhone6.psd素材文件，在"图层"面板中选择需要修改名称的图层，然后在菜单栏中单击"图层"菜单项，选择"重命名图层"命令，如图4-25所示。

步骤02 此时，"图层"面板上的目标图层名称文本框会被激活，在文本框中输入需要修改的名称即可，如图4-26所示。

图4-25

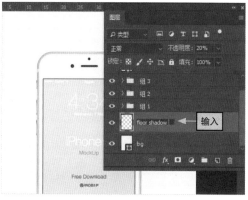

图4-26

步骤03 保持该图层的选择状态，在其上单击鼠标右键，在弹出的快捷菜单中选择"红色"命令，如图4-27所示。

步骤04 此时，即可查看到该图层的名称被修改为"floorshadow "，其图层缩略图前被标记为红色，如图4-28所示。

图4-27

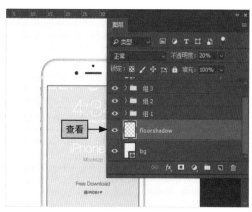

图4-28

4.1.7 栅格化图层内容

用户如果想要使用绘图工具和滤镜编辑文字图层、形状图层、矢量蒙版或智能对象等含有矢量数据的图层，则需要先将其栅格化，将图层中的内容转换为光栅图像，然后才能对其进行相应的编辑操作。

选择目标图层后，在菜单栏中单击"图层"菜单项，选择"栅格化"命令，在其子菜单中选择相应命令即可栅格化图层中的内容，如图4-29所示。

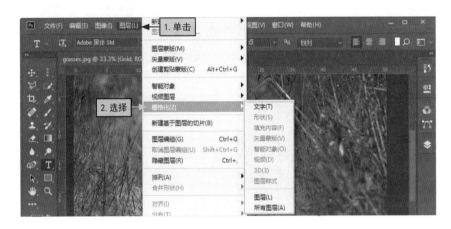

图4-29

在"栅格化"命令的子菜单中含有多个命令，每个命令代表着不同的含义，如表4-1所示。

表4-1

命令名称	含　义
文字	对文字图层进行栅格化操作，使文字内容变成光栅图像，而图层在栅格化后，文字内容将不能再被修改
形状、填充内容与矢量蒙版	选择"形状"命令，则可以对形状图层进行栅格化；选择"填充内容"命令，则可以对形状图层的填充内容进行栅格化，并为形状创建矢量蒙版；选择"矢量蒙版"命令，则可以对矢量蒙版进行栅格化，并将其转换为图层蒙版
智能对象	对智能对象进行栅格化操作，使其转换为像素
视频	对视频图层进行栅格化，选择的图层将拼合到"时间轴"面板中的当前帧中
3D	对3D图层进行栅格化
图层样式	对图层样式进行栅格化，将其应用到图层内容中
图层、所有图层	选择"图层"命令，则可以对当前选择的图层进行栅格化；选择"所有图层"命令，则可以对包含矢量数据、智能对象和生成的数据的所有图层进行栅格化

LESSON 4.2 添加图层样式效果

知识级别

□初级入门 | ■中级提高 | □高级拓展

知识难度 ★ ★

学习时长 40 分钟

学习目标

① 使用图层样式的方法。

② Photoshop CC 中常见的图层样式。

※主要内容※

内 容	难 度	内 容	难 度
使用图层样式	★	斜面和浮雕	★★
描边	★★	内阴影	★★
内发光	★★	光泽	★★★

效果预览 > > >

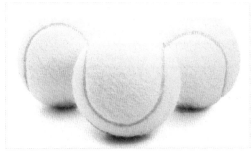

4.2.1 使用图层样式

图层样式，也称为图层效果，是指为图层中的对象添加某些效果，从而制作出投影、发光、浮雕和叠加等特效，如非常炫酷的闪电效果图。

为图层添加样式，需要打开"图层样式"对话框，其内置了多种图层效果，如图4-30所示。

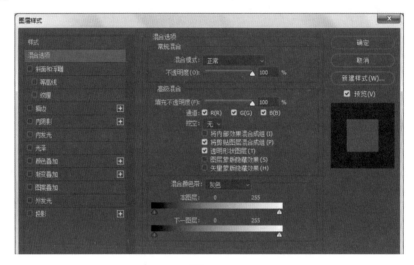

图4-30

打开"图层样式"对话框的方式有很多，选择需要添加样式效果的图层后，再选择以下任一方式都可打开"图层样式"对话框，进行效果设置。

● **通过菜单栏打开：**在菜单栏中单击"图层"菜单项，选择"图层样式"命令，在其子菜单中选择一种图层样式，如选择"描边"命令，如图4-31所示。

图4-31

● **通过"图层"面板打开：**这是最常用的打开方式，在"图层"面板上选择目标图层后，单击"添加图层样式"按钮，在打开的下拉列表中选择一种图层样式，如选择"内阴影"

命令，如图4-32所示。

- **通过双击鼠标打开：**这是比较简单的打开方式，直接在"图层"面板的目标图层上双击，即可快速打开"图层样式"对话框，如图4-33所示。

图4-32

图4-33

4.2.2 斜面和浮雕

"斜面和浮雕"效果可以为图层添加高光与阴影的各种组合，从而使图层中的对象呈现出立体的浮雕效果。"图层样式"对话框中斜面和浮雕效果的参数选项如图4-34所示。

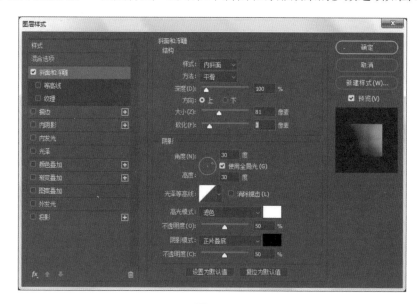
图4-34

应用"斜面和浮雕"图层样式前后的对比效果如图4-35所示。

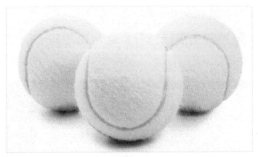

图4-35

4.2.3 描边

"描边"效果可以使用颜色、渐变颜色或图案描画当前图层上的对象、文本或形状的轮廓。"图层样式"对话框中描边效果的参数选项如图4-36所示。

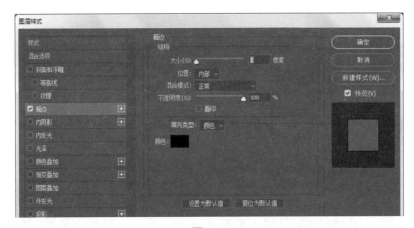

图4-36

文字图层应用"描边"图层样式前后的对比效果如图4-37所示。

图4-37

4.2.4 内阴影

"内阴影"效果可以为对象、文本或形状的内边缘添加阴影，让图层产生一种凹陷效果。"图层样式"对话框中内阴影的参数选项如图4-38所示。

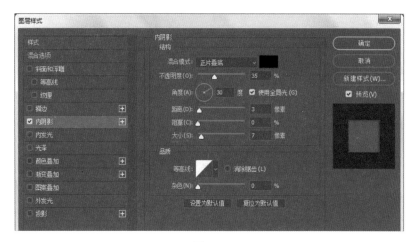

图4-38

应用"内阴影"图层样式的前后对比效果如图4-39所示。

图4-39

知识延伸 | 颜色叠加

"颜色叠加"效果是指在图层对象上叠加一种颜色，也就是用一层纯色填充到应用样式的对象上。通过设置颜色的混合模式与透明度，可以对叠加效果进行控制。

4.2.5 内发光

"内发光"效果可以沿图层中对象、文本或形状的边缘向内添加发光效果，"图层样式"

对话框中内发光的参数选项如图4-40所示。

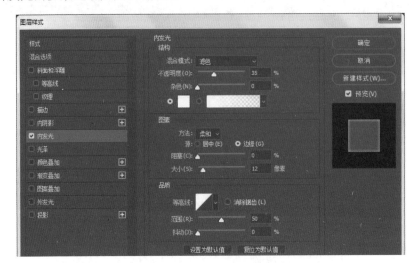

图4-40

文字应用"内发光"图层样式前后的对比效果如图4-41所示。

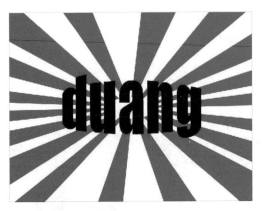 

图4-41

知识延伸 | 外发光

"外发光"效果将从图层对象、文本或形状的边缘向外添加发光效果。如果对其参数进行自定义，可以让对象、文本或形状更精美。

4.2.6 光泽

"光泽"效果可以为图层对象内部应用阴影，与对象的形状互相作用，通常用于创建规则的波浪形状，产生光滑的磨光及金属效果。

在"光泽"效果中没有过多的选项，可以通过选择不同的"等高线"来改变光泽的样式。

"图层样式"对话框中光泽的参数选项如图4-42所示。

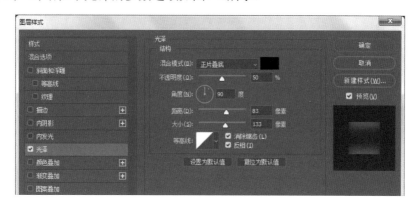

图4-42

文字应用"光泽"图层样式前后的对比效果如图4-43所示。

图4-43

知识延伸 | 投影

　　"投影"效果可以为图层上的对象、文本或形状添加阴影，从而使其产生立体效果，应用"投影"图层样式前后的对比效果如图4-44所示。

图4-44

LESSON

4.3 快速应用样式

知识级别

□初级入门 | ■中级提高 | □高级拓展

知识难度 ★★★

学习时长 20 分钟

学习目标

① 应用和复制图层样式的具体操作。
② 保存图层样式的方法。
③ 将样式储存到样式库。
④ 载入样式库中的样式。
⑤ 使用外部样式创建特效文字。

※主要内容※

内容	难度	内容	难度
应用和复制图层样式	★	保存图层样式	★★
将样式储存到样式库	★★	载入样式库中的样式	★★
使用外部样式创建特效文字	★★★		

效果预览 > > >

4.3.1 应用和复制图层样式

在一个图像文件中，如果想要为多个图层应用同一种样式，则可以先为其中的某个图层应用样式，然后再将其复制到其他图层中，以达到为多个图层添加相同样式的目的，具体操作如下。

[知识演练] 为多个图层设置相同图层样式

本节素材	◎I素材IChapter04I7月.psd
本节效果	◎I效果IChapter04I7月.psd

步骤01 打开"7月.psd"素材文件，在"图层"面板中双击需要应用图层样式的图层，如图4-45所示。

步骤02 打开"图层样式"对话框，在左侧列表框中选择"斜面和浮雕"选项，在"斜面和浮雕"栏中对样式、方法、深度以及大小等参数进行设置，如图4-46所示。

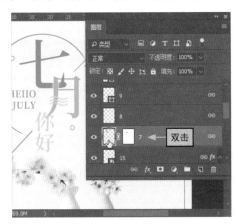

图4-45

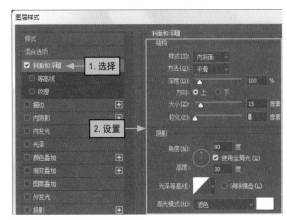

图4-46

步骤03 选择"等高线"选项，在"等高线"栏中设置等高线和范围参数，如图4-47所示。

步骤04 选择"纹理"选项，在"纹理"栏中设置图案、缩放和深度等参数，然后单击"确定"按钮，如图4-48所示。

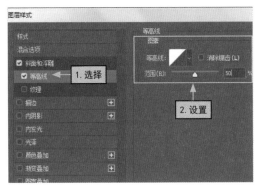

图4-47

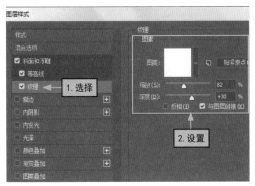

图4-48

步骤05 返回到"图层"面板中，在设置了图层样式的图层中会显示图层样式图标，在其上单击鼠标右键，选择"拷贝图层样式"命令，如图4-49所示。

步骤06 选择需要设置相同图层样式的图层，单击鼠标右键，选择"粘贴图层样式"命令，如图4-50所示。

图4-49   图4-50

4.3.2 保存图层样式

在为图层应用了图层样式后，如果觉得当前图层样式较好，则可以将其保存到"样式"面板中，方便下次使用，从而提高工作效率，具体操作如下。

[知识演练] 快速保存图层样式到"样式"面板

本节素材	◎素材\Chapter04\7月-1.psd
本节效果	◎效果\Chapter04\7月-1.psd

步骤01 打开"7月-1.psd"素材文件，在"图层"面板中选择应用了图层样式的图层，如图4-51所示。

步骤02 在菜单栏中单击"窗口"菜单项，选择"样式"命令，如图4-52所示。

图4-51   图4-52

步骤03 打开"样式"面板，在底部单击"创建新样式"按钮，打开"新建样式"对话框，在
"名称"文本框中输入新样式的名称，然后单击"确定"按钮，如图4-53所示。

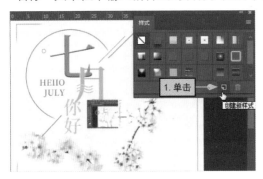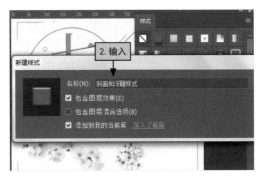

图4-53

知识延伸 | 删除图像所应用的样式

想要删除为图层应用的样式，则可以通过命令来实现，具体操作是：选择需要删除图层样
式的图层，单击鼠标右键，在弹出的快捷菜单中选择"清除图层样式"命令，如图4-54
所示。

图4-54

4.3.3 将样式储存到样式库

如果在"样式"面板中存储着多个自定义样式，则可以考虑将其存储到一个独立的
"样式库"中，在需要使用时直接调用，具体操作如下。

[知识演练] 将"样式"面板中的自定义样式储存到样式库

本节素材	◉ 素材IChapter04ICoffee.psd
本节效果	◉ 效果IChapter04I自定义样式1.asl

步骤01 打开Coffee.psd素材文件，在"样式"面板的右上角单击"菜单"按钮，选择"存储样
式"命令，如图4-55所示。

步骤02 打开"另存为"对话框，在"文件名"文本框中输入样式的名称，单击"保存"按钮，
即可将面板中的样式保存到一个样式库中，如图4-56所示。

图4-55

图4-56

4.3.4 载入样式库中的样式

除了"样式"面板上默认显示的样式外，Photoshop还为用户提供了多种样式，如抽象样式、文字添加效果样式等，只是这些样式都存放在不同的样式库中。如果用户想要使用这些样式，需要先将其载入"样式"面板中，具体操作如下。

[知识演练] 快速载入样式库中的样式

步骤01 在"样式"面板右上角单击"菜单"按钮，在打开的下拉菜单中选择一种样式库，这里选择"抽象样式"命令，如图4-57所示。

步骤02 在打开的提示对话框中，单击"追加"按钮，即可将样式库中的样式添加到"样式"面板中，如图4-58所示。

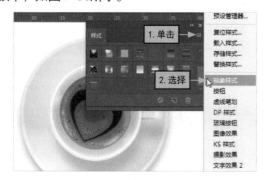

图4-57

图4-58

步骤03 返回到"样式"面板中，即可看到在原有样式的基础上追加了多个新样式，如图4-59所示。

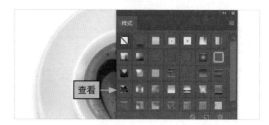

图4-59

知识延伸 | 删除"样式"面板中的样式

如果某些图层样式不再需要，则可以将其从"样式"面板中删除，这样可以节省部分内存。

在"样式"面板中选择一个样式并将其拖动到"删除样式"按钮上，即可快速将其删除，如图4-60所示。另外，按住Alt键，在"样式"面板上单击目标样式按钮，也可以将其删除。

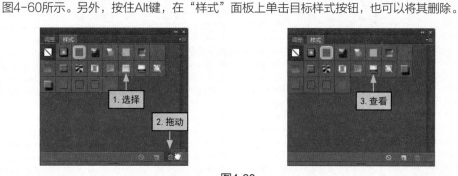

图4-60

4.3.5 使用外部样式创建特效文字

用户除了可以直接使用Photoshop CC内置的文字样式外，还可以在网络上下载一些有创意的文字样式，然后将其载入Photoshop CC的样式库中，再应用到自己的文字图层上，从而制作出具有创意的特效文字。

[知识演练] 通过载入外部样式制作更多特效文字

本节素材	◎I素材IChapter04I字体样式.asl、Text-effect.psd
本节效果	◎I效果IChapter04IText-effect.psd

步骤01 通过网络下载"字体样式.asl"文件，然后打开Text-effect.psd素材文件，在"样式"面板右上角单击"菜单"按钮，在打开的下拉菜单中选择"载入样式"命令，如图4-61所示。

步骤02 打开"载入"对话框，选择需要的样式文件，单击"载入"按钮，如图4-62所示。

图4-61

图4-62

步骤03 打开"图层"面板，在其中选择需要应用样式的图层，如图4-63所示。

步骤04 切换到"样式"面板，在其中选择载入的样式，此时可以看到图像中的文字被应用了特效，如图4-64所示。

图4-63　　　　　　　　　　　　　　　图4-64

知识延伸|复位"样式"面板

在对"样式"面板进行了相关操作（如创建、删除或载入样式等）后，若要将"样式"面板恢复到默认的预设样式，则可以在"样式"面板上单击"菜单"按钮，选择"复位样式"命令，在打开的提示对话框中单击"确定"按钮，如图4-65所示。

图4-65

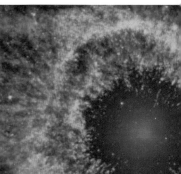

第5章

颜色与色调调整有
规律可循

学习目标

在Photoshop中，如果需要对图像的颜色与色调进行调整，则可以通过各种色彩与色调调整命令来实现，使图像的效果更加符合实际需求。例如，要使图像更加清晰可以增加图像的对比度，要使图像变得明亮则可以增加图像的亮度等。另外，调整图像的颜色与色调，是许多图像和照片在后期处理中必不可少的操作。

本章要点

- ◆ 色彩的三要素
- ◆ 色彩的搭配
- ◆ 使用色系表
- ◆ 设置前景色与背景色
- ◆ 使用拾色器拾取颜色

......

LESSON 5.1 色彩调整的基础知识

知识级别

■初级入门│□中级提高│□高级拓展

知识难度 ★

学习时长 56 分钟

学习目标

① 熟悉色彩三要素的具体含义。

② 掌握色彩搭配的方法。

③ 掌握色系表的使用方法。

※主要内容※

内　容	难　度	内　容	难　度
色彩的三要素	★	色彩的搭配	★★
使用色系表	★		

效果预览 > > >

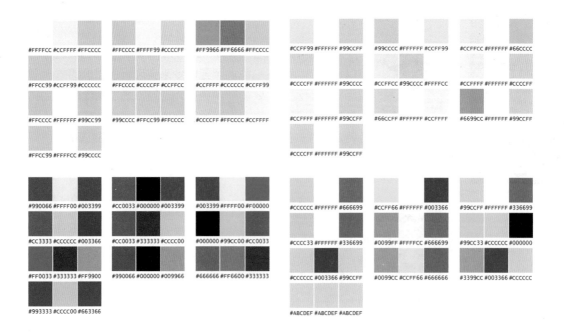

5.1.1 色彩的三要素

色彩的三要素是指每一种色彩都同时具有3种基本属性，即色相（色调）、明度（亮度）和饱和度（纯度）。也就是说，人眼看到的任一彩色光都可以使用色相、明度和饱和度来描述。其中，色相与光波的波长有直接关系，明度和饱和度与光波的幅度有关。

❶色相

色相是色彩的首要特征，是区别各种不同色彩的最准确标准。色彩是由于物体上的物理性发生光反射到人眼视神经上所产生的感觉，颜色的不同是由光的波长的长短所决定的。而作为色相，指的是这些不同波长的颜色情况。波长最长的是红色，最短的是紫色。

在标准色相环中，以角度表示不同色相，取值范围为0～360°。而在实际使用中，用红、橙、黄、绿、蓝、紫等颜色来表示（把红、橙、黄、绿、蓝、紫和处在它们各自之间的红橙、黄橙、黄绿、蓝绿、蓝紫、红紫这6种中间色，共计12种色作为色相环）。如图5-1所示为色相环。

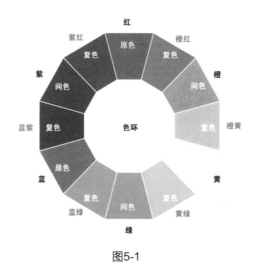

图5-1

在色相环上排列的颜色是纯度高的颜色，被称为纯色。这些颜色在环上的位置是根据视觉和感觉的相等间隔来进行安排的，使用类似的方法还可以再分出差别细微的多种颜色来。在色相环上与环中心对称，并在180°位置两端的颜色被称为互补色。

❷明度

明度是眼睛对光源和物体表面的明暗程度的感觉，主要是由光线强弱决定的一种视觉经验，它不仅决定了物体的照明程度，也决定了物体表面的反射系数。若看到的光线来源于光源，则明度决定于光源的强度；若看到的光线来源于物体表面反射的光线，则明度决定于照明光源的强度和物体表面的反射系数。

简单而言，明度表示色彩所具有的明度和暗度，不同的颜色具有不同的明度。计算明度的基准是灰度测试卡，明度的表示范围是0～10，0表示黑色，10表示白色，如图5-2所示为色彩明度变化。以黑白度表示，越接近白色，明度越高，反之就越低。

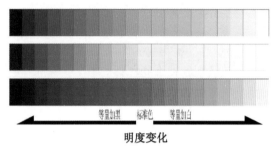

明度变化

图5-2

色彩可以分为有彩色和无彩色，无彩色仍然存在着明度。作为有彩色，每种色的亮度、暗度在灰度测试卡上都具有相应的位置值。彩度高的颜色对明度有很大的影响，不太容易辨别。在明亮的地方比较容易鉴别颜色的明度，而在暗的地方就难以鉴别。

❸ 饱和度

通常情况下，饱和度是指色彩的鲜艳度。从科学的角度看，一种颜色的鲜艳度取决于该颜色色相发射光的单一程度。人眼能辨别的有单色光特征的颜色，都具有一定的鲜艳度。不同的色相，不仅明度不同，其饱和度也不相同。

其实，饱和度就是指色彩的纯度，纯度越高，表现越鲜明；纯度较低，表现越黯淡。受颜色中灰色成分相对比例的影响，黑、白与其他灰色色彩没有饱和度。饱和度的表示范围是0～20，0表示灰度，而20则表示完全饱和，如图5-3所示为色彩饱和度变化。

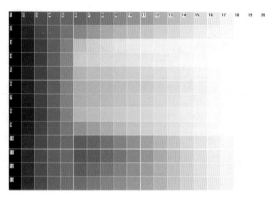

图5-3

5.1.2 色彩的搭配

　　色彩搭配的原则是"总体协调，局部对比"，即整体色彩效果应该和谐，允许局部、小范围的地方存在一些强烈色彩的对比。

　　由于每种色彩在大脑中都有各自的印象，所以色彩搭配得到的印象就是多种颜色的综合效果。例如，每种色彩都是浓烈的，则它们的叠加效果就会是浓烈的；每种颜色都是高亮度的，则它们的叠加效果自然会是柔和与明亮的。

● **柔和、明亮、温柔**：高亮度的色彩搭配在一起就会产生柔和、明亮和温柔的印象。为了避免刺眼，一般需要用低亮度的前景色进行调和，同时色彩在色环之间的距离也有助于减少沉闷的印象，如图5-4所示。

● **柔和、洁净、爽朗**：对于柔和、洁净、爽朗的印象，色环中蓝到绿相邻的颜色是最适合的，并且亮度偏高。可以看到，几乎每个组合都有白色参与。当然在实际设计时，可以用蓝绿相反色相的高亮度有彩色代替白色，如图5-5所示。

图5-4　　　　　　　　　　　　　　　　　　　图5-5

● **可爱、快乐、有趣**：可爱、快乐、有趣印象中的色彩搭配特点是，色相分布均匀，冷暖搭配，饱和度高，色彩分辨度高，如图5-6所示。

● **活泼、快乐、有趣**：活泼、快乐、有趣相对前一种印象，色彩选择更加广泛，最重要的变化是将纯白色用低饱和有彩色或者灰色取代，如图5-7所示。

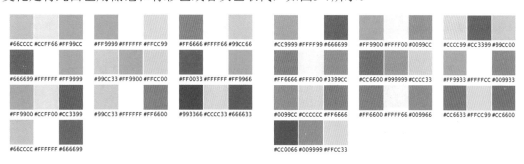

图5-6　　　　　　　　　　　　　　　　　　　图5-7

- **运动型、轻快**：运动的色彩要强化激烈、刺激的感受，同时还要体现健康、快乐和阳光。因此饱和度较高、亮度偏低的色彩在这类印象中经常登场，如图5-8所示。

- **轻快、华丽、动感**：华丽的印象要求页面充斥有彩色，并且饱和度偏高，而亮度适当减弱更能强化这种印象，如图5-9所示。

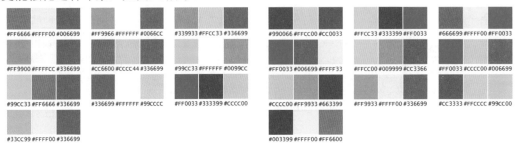

图5-8   图5-9

- **狂野、充沛、动感**：狂野的印象空间中少不了低亮度的色彩，甚至可以用适当的黑色搭配。其他有彩色的饱和度高，对比强烈，如图5-10所示。

- **华丽、花哨、女性化**：女性化的页面中紫色和品红是主角，粉红、绿色也是常用色相。一般它们之间要进行高饱和的搭配，如图5-11所示。

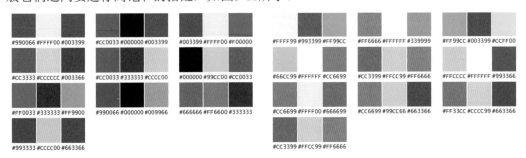

图5-10   图5-11

- **回味、女性化、优雅**：优雅的感觉很奇特，色彩的饱和度一般要降下来。一般以蓝、红之间的相邻色调，通过调节亮度和饱和度进行搭配，如图5-12所示。

- **高尚、自然、安稳**：高尚一般要用低亮度的黄绿色来表现，色彩亮度要降下来，注意色彩的平衡，页面就会显得安稳，如图5-13所示。

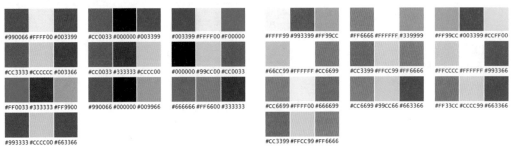

图5-12   图5-13

● **冷静、自然：** 绿色是冷静、自然印象的主角，但是绿色作为页面的主要色彩，容易陷入过于消极的视觉，因此应特别重视图案的设计，如图5-14所示。

● **传统、高雅、优雅：** 传统的内容一般要降低色彩的饱和度，其中棕色很适合。紫色也是高雅和优雅印象的常用色相，如图5-15所示。

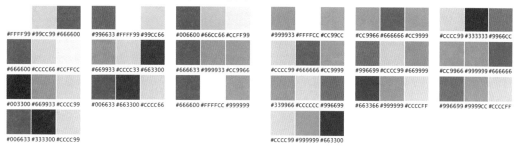

图5-14　　　　　　　　　　　　　　　　　图5-15

● **传统、稳重、古典：** 传统、稳重、古典都是保守的印象，在色彩的选择上应尽量用低亮度的暖色，这种搭配符合成熟的审美，如图5-16所示。

● **忠厚、稳重、有品位：** 亮度和饱和度偏低的色彩会给人忠厚、稳重的感觉。这样的搭配为了避免色彩过于保守，需要注重冷暖结合和明暗对比，如图5-17所示。

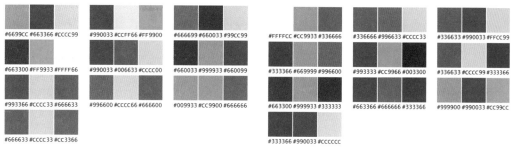

图5-16　　　　　　　　　　　　　　　　　图5-17

● **简单、洁净、进步：** 简单、洁净的色彩在色相上可以用蓝、绿表现，并大面积留白。而进步的印象可以多用蓝色，搭配低饱和度甚至灰色，如图5-18所示。

● **简单、进步、时尚：** 表现进步的色彩主要以蓝色为主，搭配灰色。而色彩的明度统一、色相相邻，在感观上会显得简洁，如图5-19所示。

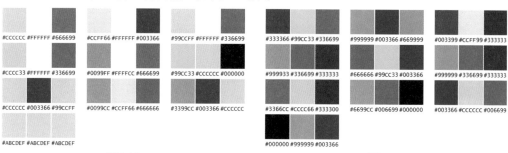

图5-18　　　　　　　　　　　　　　　　　图5-19

5.1.3 使用色系表

使用颜料、涂料等方式时，可以使用减色法，也就意味着由白色开始，随色彩的叠加，直到黑K（Black），如图5-20左图所示。例如，CMYK色彩模型就用于减色法，主要用于印刷、涂料等，它使用的三原色为青色C（Cyan）、洋红色M（Magenta）和黄色Y（Yellow）。使用电脑处理色彩时，电脑上的色彩就会由加色法呈现，这就意味着色彩从黑色开始，随色彩的叠加，逐渐变亮，最后成为白色，如图5-20右图所示。例如，RGB色彩模型就用于加色法，主要用于网页制作、显示器件等，它使用的三色光为红色R（Red）、绿色G（Green）和蓝色B（Blue）。

图5-20

为了便于用户查看颜色，一般将12色相环中用得到的颜色，都用颜色编号来表示，用户可以对照编号来查看颜色。如图5-21所示为部分色系表内容展示，其中，"#"栏中内容为十六进制数值。

编号	C	M		K	R	G	B	#
1	0	100	100	45	139	0	22	8B0016
2	0	100	100	25	178	0	31	B2001F
3	0	100	100	15	197	0	35	C50023
4	0	100	100	0	223	0	41	DF0029
5	0	85	70	0	229	70	70	E54646
6	0	65	50	0	238	124	107	EE7C6B
7	0	45	30	0	245	168	154	F5A89A
8	0	20	10	0	252	218	213	FCDAD5
9	0	90	80	45	142	30	32	8E1E20
10	0	90	80	25	182	41	43	B6292B
11	0	90	80	15	200	46	49	C82E31
12	0	90	80	0	223	53	57	E33539
13	0	70	65	0	235	113	83	EB7153
14	0	55	50	0	241	147	115	F19373
15	0	40	35	0	246	178	151	F6B297
16	0	20	20	0	252	217	196	FCD9C4
17	0	60	100	45	148	83	5	945305
18	0	60	100	25	189	107	9	BD6B09

图5-21

LESSON 5.2 颜色的基础设置

知识级别

□初级入门 ｜ ■中级提高 ｜ □高级拓展

知识难度 ★★

学习时长 45 分钟

学习目标

① 了解 Photoshop 的前景色与背景色的设置。

② 掌握用拾色器拾取颜色的方法。

③ 掌握用吸管工具拾取颜色的方法。

④ 掌握通过"颜色"面板对颜色进行调整的方法。

※主要内容※

内 容	难 度	内 容	难 度
设置前景色与背景色	★	使用拾色器拾取颜色	★★
使用吸管工具拾取颜色	★★	使用"颜色"面板调整颜色	★★★

效果预览 > > >

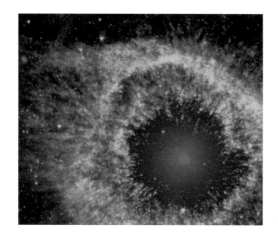

5.2.1 设置前景色与背景色

在Photoshop CC工具箱中，有一组颜色工具设置图标，即前景色与背景色。其中，前景色主要是对选区进行绘画、填充和描边操作，如使用画笔工具绘制线条；背景色主要用来进行渐变填充或在图像已抹除的区域进行填充，如使用橡皮擦擦除图像后所显示的颜色。

❶ 切换前景色与背景色

默认情况下，前景色为黑色，背景色为白色，如果要对其进行切换，只需要在工具箱中单击"切换前景色和背景色"按钮即可，如图5-22所示。

图5-22

❷ 修改前景色与背景色

在对图像进行编辑时，可能需要对默认的前景色或背景色进行修改，可以在工具箱中单击"设置前景色"或"设置背景色"按钮，打开"拾色器"对话框，选择某种颜色，然后单击"确定"按钮，如图5-23所示。

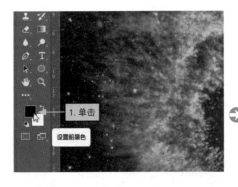

图5-23

❸ 将前景色和背景色设置为默认颜色

在对前景色与背景色进行修改后，如果要将其恢复为默认颜色，可以在工具箱中单击"默认前景色和背景色"按钮（或按D键），如图5-24所示。

图5-24

5.2.2 使用拾色器拾取颜色色与背景色

在Photoshop的工具箱底部单击"设置前景色"或"设置背景色"按钮，可以打开"拾色器"对话框，在该对话框中可以选择基于HSB、RGB、Lab或CMYK 4种常用模型及颜色库里的颜色模型来设置指定颜色。

- **定义颜色范围：** 打开"拾色器"对话框，在中间的竖直渐变条上单击鼠标，即可定义颜色的范围，如图5-25所示。

- **调整颜色深浅：** 打开"拾色器"对话框，在左侧的色域单击鼠标，即可调整颜色的深浅，如图5-26所示。

图5-25

图5-26

- **调整颜色饱和度：** 打开"拾色器"对话框，选中S单选按钮，在渐变条上按住鼠标左键并拖动，即可调整颜色的饱和度，如图5-27所示。

- **调整颜色亮度：** 打开"拾色器"对话框，选中B单选按钮，在渐变条上按住鼠标左键并拖动，即可调整颜色的亮度，如图5-28所示。

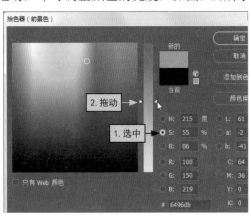

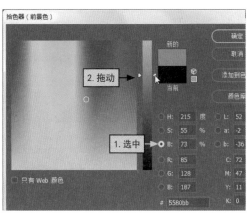

图5-27

图5-28

5.2.3 使用吸管工具拾取颜色

吸管工具主要用于在图像或色板中拾取需要的颜色，而拾取的颜色也会同时保存在前景色或背景色中，以便于需要时直接使用。使用吸管工具拾取颜色的方式有多种，下面进行具体介绍。

❶ 单击鼠标拾取前景色

在工具箱中选择吸管工具，将鼠标光标移动到图像上，单击鼠标即可显示一个取样环，同时将拾取的颜色设置为前景色，如图5-29所示。

图5-29

❷ 拖动鼠标拾取颜色

选择吸管工具后，在图像上按住鼠标左键并拖动，此时取样环中将会出现两种样式，上面的样式是前一次拾取的颜色，下面的样式则是当前拾取的颜色，如图5-30所示。

图5-30

❸ 结合快捷键拾取背景色

选择吸管工具后，将鼠标光标移动到图像上，按住Alt键并单击鼠标，即可将拾取的颜色设置为背景色，如图5-31所示。

图5-31

❹拾取菜单栏、窗口与面板的颜色

选择吸管工具后，将鼠标光标移动到图像上，按住鼠标左键并在菜单栏、窗口或面板上移动鼠标，则可以拾取菜单栏、窗口或面板的颜色，如图5-32所示。

图5-32

5.2.4 使用"颜色"面板调整颜色

在菜单栏中单击"窗口"菜单项，选择"颜色"命令即可打开"颜色"面板，该面板采用了类似于美术调色板的方式来混合颜色，此时可对颜色进行调整。

● **调整前景色与背景色：** 在打开的"颜色"面板中，如果需要对前景色进行调整，则可以单击"设置前景色"按钮，如图5-33所示；若需要对背景色进行调整，则可以单击"设置背景色"按钮，如图5-34所示。

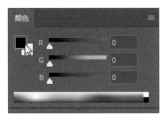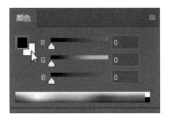

图5-33 图5-34

● **通过文本框和滑块调整颜色：** 打开"颜色"面板，在RG和B文本框中分别输入数值或者拖动白色三角形滑块来调整颜色，如图5-35所示。

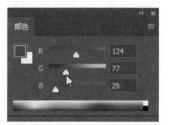

图5-35

● **通过四色曲线调整颜色：** 将鼠标光标移动到"颜色"面板下方的四色曲线上，当鼠标光标变成吸管状时，单击鼠标即可拾取色样，如图5-36所示。

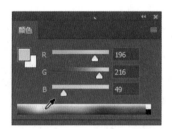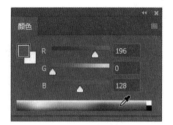

图5-36

知识延伸|使用"色板"面板设置颜色

通过"窗口"菜单项可以打开"色板"面板，在"色板"面板中的所有颜色都是Photoshop提前预设好的。只需单击其中的任意颜色样式，即可将其设置为前景色；若按住Ctrl键单击任意颜色样式，即可将其设置为背景色，如图5-37所示。

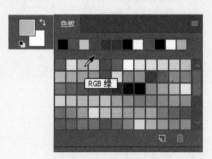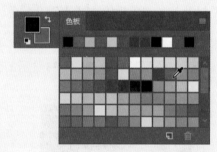

图5-37

LESSON 5.3 转换图像的颜色模式

知识级别

□初级入门 | ■中级提高 | □高级拓展

知识难度 ★★

学习时长 60 分钟

学习目标

掌握图像各种颜色模式的转换方法。

※主要内容※

内　容	难　度	内　容	难　度
灰度模式	★	位图模式	★★★
双色调模式	★	索引颜色模式	★★
RGB 颜色模式	★★	CMYK 颜色模式	★
Lab 颜色模式	★★	多通道模式	★
位深度	★★★		

效果预览 > > >

  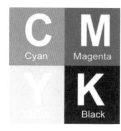

5.3.1 灰度模式

灰度模式下的图像不包含色彩，且彩色模式下的图像转换为灰度模式时，色彩信息会被删除。用户可以使用多达256级灰度来表现图像，使图像的过渡更平滑细腻。灰度图像的每个像素都存在一个0（黑色）到255（白色）的亮度值，灰度值也可用黑色油墨覆盖的百分比来表示（0%等于白色，100%等于黑色）。

用户要想将其他颜色模式的图像转换为灰度模式，可以直接在菜单栏中单击"图像"菜单项，然后选择"模式/灰度"命令即可。将RGB颜色模式的图像转换为灰度模式后的效果如图5-38所示。

图5-38

5.3.2 位图模式

位图模式用两种颜色来表示图像中的像素，即白色和黑色，所以位图模式的图像也叫作黑白图像。在将彩色图像转换为位图模式后，色相和饱和度信息都会被删除，只保留亮度信息，具体操作如下。

[知识演练] 将RGB颜色模式的图像转换为位图模式

本节素材	⊙I素材IChapter05I长颈鹿.jpg
本节效果	⊙I效果IChapter05I长颈鹿.psd

步骤01 打开"长颈鹿.jpg"素材文件，在菜单栏中单击"图像"菜单项，选择"模式/灰度"命令，如图5-39所示。

步骤02 打开"信息"对话框，单击"扔掉"按钮，确认扔掉颜色信息，如图5-40所示。

图5-39

图5-40

步骤03 返回到图像编辑界面，在菜单栏中单击"图像"菜单项，选择"模式/位图"命令，如图5-41所示。

步骤04 打开"位图"对话框，在"输出"文本框中输入分辨率，在"使用"下拉列表框中选择"半调网屏"选项，单击"确定"按钮，如图5-42所示。

图5-41

图5-42

步骤05 打开"半调网屏"对话框，分别设置频率和角度，在"形状"下拉列表框中选择"椭圆"选项，单击"确定"按钮，如图5-43所示。

步骤06 此时，即可看到原为RGB颜色模式的图像转换为位图模式，如图5-44所示。

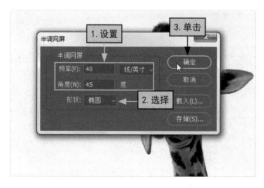

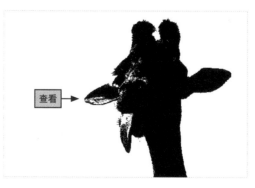

图5-43

图5-44

知识延伸｜5种转换方案的含义

在"位图"对话框的"使用"下拉列表框中，有5种图像模式转换方案，分别是"50%阈值""图案仿色""扩散仿色""半调网屏"和"自定图案"，具体介绍如图5-45所示。

50%阈值

50%阈值是指将50%色调作为分界点，灰色值高于中间色阶（128）的像素转换为白色；反之，则转换为黑色。

图案仿色

图案仿色是指用黑白点的图案来模拟色调。

扩散仿色

扩散仿色是指通过从图案左上角的误差开始扩散的过程来转换图像，由于在转换过程中存在误差，所以会产生颗粒状的纹理。

半调网屏

半调网屏主要用于模拟平面印刷中用到的半调网屏的外观。

自定图案

使用自定图案，可以选择一种图案来模拟图像中的某些色调。

图5-45

5.3.3 双色调模式

双色调模式采用2～4种彩色油墨来创建由双色调（2种颜色）、三色调（3种颜色）或四色调（4种颜色）混合其色阶组成的图像。在将灰度图像转换为双色调模式的过程中，可以对色调进行编辑，从而产生特殊效果。

在菜单栏中单击"图像"菜单项，选择"模式/双色调"命令，打开"双色调"对话框，在"类型"下拉列表框中可以选择双色调的类型。双色调和三色调的图像效果如图5-46所示。

图5-46

5.3.4 索引颜色模式

索引颜色模式是网上和动画中常用的图像模式，采用一个颜色表存放并索引图像中的颜色使用最多256种颜色，当转换为索引颜色时，Photoshop将构建一个颜色查找表，用于存放并索引图像中的颜色。如果原图像中的颜色不能用256色表现，则Photoshop会从可使用的颜色中选出最相近的颜色来模拟这些颜色，这样便可减小图像文件的尺寸。

在菜单栏中单击"图像"菜单项，选择"模式/索引颜色"命令，打开"索引颜色"对话框，如图5-47所示。

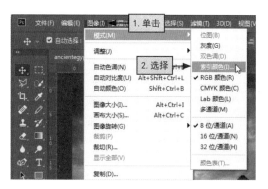

图5-47

- **"调板"下拉列表框**：在"调板"下拉列表框中可以选择转换为索引颜色后所使用的调板类型，如Web"平均""可感知""可选择"以及"随样性"等，它决定了可以使用哪些颜色。

- **"颜色"文本框**：在"颜色"文本框中可输入相应的颜色值，从而指定要显示的实际颜色数量（最多可达256种）。

- **"强制"下拉列表框**：在"强制"下拉列表框中，可以选择将某些颜色强制包含在颜色表中。如果选择"黑白"选项，可以将黑色和白色添加到颜色表中；如果选择"三原色"选项，可以将黑色、白色、红色、蓝色、绿色、青色、黄色和洋红添加到颜色表中；如果选择Web选项，可以将216种Web颜色添加到颜色表中；如果选择"自定..."选项，则允许自定义要添加的颜色。

- **"杂边"下拉列表框**：选择"杂边"下拉列表框中的选项，可以指定用于填充与图像透明区域相邻的消除锯齿边缘的背景色。

- **"仿色"下拉列表框**：在"仿色"下拉列表框中可以选择是否使用仿色，如果用户要模拟颜色表中没有的颜色，则可以选择使用仿色。在设置仿色值时，值越大所仿颜色就越多，但也会使文档图像占据更大的存储空间。

5.3.5 RGB颜色模式

RGB颜色模式是一种加色混合模式，通过红（R）、绿（G）和蓝（B）3个颜色通道的变化以及它们相互之间的叠加来得到各式各样的颜色， 如图5-48所示。

红色+绿色=黄色

绿色+蓝色=青色

蓝色+红色=洋红

红色+绿色+蓝色=白色

图5-48

RGB几乎包括人类视觉所能感知的所有颜色，是目前运用最为广泛的颜色系统之一。在日常工作中，计算机显示器、数码相机、电视机、幻灯片以及多媒体等都采用RGB颜色模式。在24位图像中，RGB颜色模式可以构成大约1677万种颜色。

5.3.6 CMYK颜色模式

CMYK颜色模式也被称为印刷模式，是一种减色混合模式，恰好与RGB颜色模式相反，如图5-49所示。其中，4个字母分别指青（C）、洋红（M）、黄（Y）和黑（B），在印刷中代表4种颜色的油墨。在CMYK颜色模式下，可以为每个像素的每种印刷油墨指定一个百分比值。

 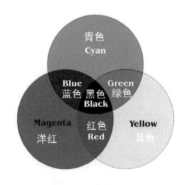

图5-49

5.3.7 Lab颜色模式

Lab颜色模式是Photoshop进行颜色模式转换时使用的中间模式，是由RGB三基色转换而来的。例如，将RGB颜色模式转换为CMYK颜色模式时，需要先将其转换为Lab颜色模式，再将其转换为CMYK颜色模式。

在Lab颜色模式中，L表示亮度分量，其范围为0～100；a表示由绿色到红色的光谱变化，其范围为+127～-128；b表示由蓝色到黄色的光谱变化，其范围为+127～-128。在处理照片时，Lab颜色模式具有较强的优势，可以在不影响色相和饱和度的情况下轻松修改图像的明暗程度。同时，在处理a通道和b通道时，可以在不影响色调的情况下调整照片颜色，不过需要先将图像转换为Lab颜色模式，即在菜单栏中单击"图像"菜单项，然后选择"模式/Lab颜色"命令。

● **对a通道进行处理：** 在菜单栏中单击"图像"菜单项，选择"调整/曲线"命令，可打开"曲线"对话框。在"通道"下拉列表框中选择a选项，然后将曲线向下拖动，即可看到相应的效果，如图5-50所示。

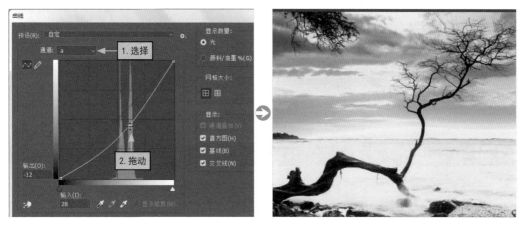

图5-50

● **对b通道进行处理：** 用相同方法打开"曲线"对话框，在"通道"下拉列表框中选择b选项，将曲线向下拖动，即可看到相应的效果，如图5-51所示。

图5-51

5.3.8 多通道模式

在多通道模式中，每个通道都会用256灰度级存放图像中颜色元素的信息。多通道模式多用于特定的打印或输出，是一种减色模式。

如果删除RGB、CMYK或Lab颜色模式中的某个颜色通道，图像就会自动转换为多通道模式。删除"青色"通道前后的对比效果如图5-52所示。

图5-52

5.3.9 位深度

由于计算机采用了一种被称作"位"（bit）的记数单位来记录所表示颜色的数据，所以能够显示颜色。"位"是计算机存储器里的最小单元，用来记录每一个像素颜色的值。图像的色彩越丰富，"位"就越多，每一个像素在计算机中所使用的这种位数就是"位深度"。

打开一个文档图像后，在菜单栏中单击"图像"菜单项，选择"模式"命令，即可在其子菜单中选择"8位/通道""16位/通道"或"32位/通道"命令，以此来改变图像的位深度。

● **8位/通道：** 位深度为8位，因为每个通道可以支持256种颜色，所以图像可以有1600万个以上的颜色值。

● **16位/通道：** 位深度为16位，因为每个通道中可以支持65 000种颜色。不管是通过数码相机拍摄得到的"16位/通道"的文档图像，还是通过扫描得到的"16位/通道"文档图像，其颜色都要比8位通道的颜色丰富。因此，16位图像比8位图像更加细腻，也具有更好的色彩过渡，这也是16位图像可以表现的颜色数目大大多于8位图像的原因。

● **32位/通道：** 位深度为32位，"32位/通道"的图像也叫作高动态范围（HDR）图像，该种文档图像的颜色和色调比16位通道的文档图像更胜一筹。用户可以有选择地对文档图像进行动态范围的扩展，不会对其他区域的可打印和可显示的色调产生影响。目前，高动态范围图像主要应用于3D设计、特殊效果以及影片等领域。

LESSON 5.4 快速调整图像

知识级别

□初级入门 | ■中级提高 | □高级拓展

知识难度 ★★

学习时长 35 分钟

学习目标

① 使用"自动色调"命令调整图像的暗部和亮部。

② 使用"自动对比度"命令调整图像颜色的对比度。

③ 使用"自动颜色"命令调整图像的对比度和颜色。

※主要内容※

内　容	难　度	内　容	难　度
使用"自动色调"命令	★★	使用"自动对比度"命令	★★
使用"自动颜色"命令	★★★		

5.4.1 使用"自动色调"命令

使用"自动色调"命令可以自动调整图像的暗部和亮部，因为它会对每个颜色通道都进行调整，将每个颜色通道中最亮和最暗的像素调整为纯白和纯黑，将中间像素值按比例重新分布，从而使图像的对比度得到增强。由于"自动色调"命令会单独调整每个通道，所以可能会移去某些颜色或引入色偏。

在菜单栏中单击"图像"菜单项，选择"自动色调"命令，Photoshop就会自动对图像的色调进行调整，从而使其色调变得更加清晰，如图5-53所示。

图5-53

5.4.2 使用"自动对比度"命令

使用"自动对比度"命令可以自动调整图像颜色的对比度，由于该命令不会单独对通道进行调整，所以不会出现增加或消除色偏等情况。该命令可以将图像中最亮和最暗的像素映射到白色和黑色中，从而使高光显得更亮或暗调显得更暗。

在菜单栏中单击"图像"菜单项，选择"自动对比度"命令，Photoshop就会自动对图像的对比度进行调整，从而使其明度变亮，如图5-54所示。

图5-54

由于"自动对比度"命令不会单独调整通道，只会调整色调，也不会改变色调平衡，所以不会
产生色偏，也就不能用于消除色偏。另外，"自动对比度"可以改变彩色图像的外观，但是无
法改善单色图像。

5.4.3 使用"自动颜色"命令

使用"自动颜色"命令可以通过搜索实际像素来标识阴影、中间调和高光，从而调整
图像的对比度和颜色，使图像的颜色更为鲜艳。由于"自动颜色"命令可将128级亮度的
颜色纠正为128级灰色，所以使用该命令既可能修正偏色，又可能引起偏色。

在菜单栏中单击"图像"菜单项，选择"自动颜色"命令，Photoshop就会自动对图像
的颜色进行调整，从而修正偏色，如图5-55所示。

图5-55

默认情况下，"自动颜色"使用RGB 128灰色来中和中间调，并将阴影和高光像素剪切
0.5%。因此，可以在"自动颜色校正选项"对话框中更改这些默认值，即在菜单栏中单击"图
像"菜单项，选择"调整/色阶"命令，在打开的"色阶"对话框中单击"选项"按钮，然后在
打开的"自动颜色校正选项"对话框中即可对自动颜色的默认值进行设置，如图5-56所示。

 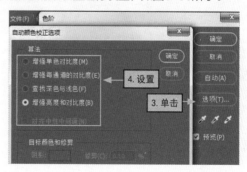

图5-56

知识级别

□初级入门 │ ■中级提高 │ □高级拓展

知识难度 ★ ★ ★

学习时长 100 分钟

学习目标

① 图像亮度和对比度的设置。

② 图像色阶与曲线的设置。

③ 图像曝光度与自然饱和度的设置。

④ 图像色相／饱和度与色彩平衡的设置。

⑤ 图像黑白和去色的设置。

⑥ 掌握图像的其他色彩调整命令。

※主要内容※

内　容	难　度	内　容	难　度
亮度和对比度	★	色阶	★★
曲线	★	曝光度	★
自然饱和度	★★	色相／饱和度	★
色彩平衡	★★	黑白和去色	★★
其他色彩调整命令	★★		

效果预览 > > >

5.5.1 亮度和对比度

使用"亮度/对比度"命令可以提高或者降低图像的亮度与对比度，新手在处理图像的色彩与饱和度时，如果不熟悉"色阶"和"曲线"命令，通过"亮度/对比度"命令来进行操作是比较好的选择。

在菜单栏中单击"图像"菜单项，选择"调整"命令，在其子菜单中选择"亮度/对比度"命令即可打开"亮度/对比度"对话框，通过对其中的参数进行设置就能对图像的亮度和对比度进行调整，如图5-57所示。

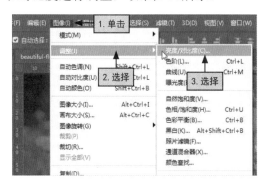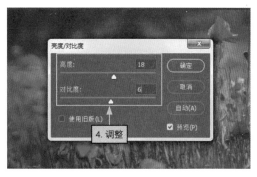

图5-57

在"亮度/对比度"对话框中，如果选中"使用旧版"复选框，则可以看到Photoshop CS3及其以前版本的调整效果，其对比效果如图5-58所示。

图5-58

5.5.2 色阶

色阶用于表示图像中暗调、中间调和高光的分布情况，如果图像过黑或过亮，则可以使用"色阶"命令对图像的明暗程度进行调整。

在菜单栏中单击"图像"菜单项，选择"调整/色阶"命令，即可打开"色阶"对话框，通过拖动"输入色阶"栏中的滑块位置来调整图像，从而将暗淡的图像调整为彩色明亮的图像，如图5-59所示。

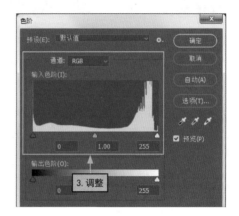

图5-59

在"色阶"对话框的"输入色阶"栏中，左侧的黑色滑块用于调整阴影调，中间的灰色滑块用于调整中间调，右侧的白色滑块用于调整高光调，调整这3个滑块前后的对比效果如图5-60所示。

图5-60

5.5.3 曲线

通过调整曲线的斜率和形状，可以对图像的明暗度和色调进行精准调整，从而使图像色彩更加协调。在菜单栏中单击"图像"菜单项，选择"调整/曲线"命令，即可打开"曲线"对话框。

● **提亮图像：** 在"曲线"对话框中，将"输出"栏内的曲线向上或向下弯曲，就会使图像变亮或者变暗。例如，对于一些偏暗的图像，可以在曲线上单击鼠标并向上拖动曲线，使图像的亮度得到提升，图像提亮前后的对比效果如图5-61所示。

图5-61

● **更改图像色调**：在"曲线"对话框中，可以通过选择颜色通道来改变图像的色调效果。例如，在"通道"下拉列表框中选择"绿"选项，然后向下拖动曲线，即可在图像中看到减弱的绿色效果，如图5-62所示。

图5-62

知识延伸 | 通道曲线的划分

在"曲线"对话框中，可以将通道曲线划分为3个部分。其中，右上方部分用于控制图像画面的亮调区域；中间部分用于控制图像画面的中间调区域；左下方部分用于控制图像画面的暗调区域。将曲线向上拖动就会增强图像画面的明亮程度，反之则增强图像的暗调效果。

若要增强图像画面的明亮对比度进行调整，可以将亮调区域的曲线向上拖动，同时将暗调区域的曲线向下拖动。

5.5.4 曝光度

曝光度指图像的曝光效果。例如，在处理某些照片时，会发现局部曝光量不合适，导致照片中出现过亮或过暗的情况。使用"曝光度"命令可以增强或减少曝光量，从而对图像起到修复作用。

在菜单栏中单击"图像"菜单项，选择"调整/曝光度"命令，即可打开"曝光度"对话框，在其中设置曝光量、位移以及灰度系数校正等参数值，从而达到调整图像曝光度的目的。调整曝光度前后的对比效果如图5-63所示。

图5-63

5.5.5 自然饱和度

"自然饱和度"命令的作用是调整色彩的饱和度，它在增加图像饱和度时，会自动控制颜色不会因为过于饱和而溢出，非常适合用来处理人物照片。

在菜单栏中单击"图像"菜单项，选择"调整/自然饱和度"命令，即可打开"自然饱和度"对话框，设置自然饱和度参数。调整自然饱和度前后的对比效果如图5-64所示。

图5-64

5.5.6 色相/饱和度

"色相/饱和度"命令可以对整个图像进行调整，或者对某个颜色的色相、饱和度和明度进行调整。

在菜单栏中单击"图像"菜单项，选择"调整"命令，在其子菜单中选择"色相/饱和度"命令，打开"色相/饱和度"对话框，此时即可对色相、饱和度和明度参数进行设置。调整色相/饱和度前后的对比效果如图5-65所示。

图5-65

5.5.7 色彩平衡

　　色彩平衡是指图像整体的平衡性，在Photoshop中使用"色彩平衡"命令可以改变彩色图像颜色的混合效果，从而校正图像中比较明显的偏色问题。

　　在菜单栏中单击"图像"菜单项，选择"调整/色彩平衡"命令打开"色彩平衡"对话框，即可对色彩平衡的相关参数进行设置。调整色彩平衡前后的对比效果如图5-66所示。

图5-66

5.5.8 黑白和去色

　　Photoshop中的"黑白"和"去色"命令可以将彩色图像转变为黑白图像，但它们也存在一些差异。"黑白"命令可以对黑白色的亮度进行控制，调整出黑白对比度很强的图像；而"去色"命令只能将图像中的彩色清除，经处理后的黑白图像并不会改变亮度。

● **黑白：** 要使用"黑白"命令调整图像颜色，可以选择"图像/调整/黑白"命令，打开"黑白"对话框，在其中对各个参数进行设置。图像黑白转换前后的对比效果如图5-67所示。

图5-67

● **去色：** 使用"去色"命令可以快速制作出黑白图像，在菜单栏中选择"图像/调整/去色"命令，即可直接将图像去色。图像去色前后的对比效果如图5-68所示。

图5-68

5.5.9 其他色彩调整命令

除了前面讲解的一些常见的色彩调整命令以外，Photoshop CC还为用户提供了一些比较常用的色彩调整命令，具体介绍见表5-1。

表5-1

命 令	作 用
通道混合器	"通道混合器"命令可通过颜色通道的混合来修改颜色通道，从而产生图像合并效果或者设置出单色调的图像效果。在菜单栏中选择"图像/调整/通道混合器"命令，打开"通道混合器"对话框，在其中对"源通道"栏的各种颜色效果进行设置
阴影/高光	"阴影/高光"命令可以用来调整图像的阴影部分和高光部分，但不能用于修复图像部分区域过亮或过暗的情况。选择"图像/调整/阴影/高光/"命令，打开"阴影/高光"对话框，在其中对阴影和高光效果进行设置

续表

命　令	作　用
反相	"反相"命令可以将图像的颜色更改为它们的互补色，如黑色改为白色、蓝色改为黄色等。选择"图像/调整/反相"命令，即可对图像进行反相处理，将图像制作出类似于底片的特殊效果
阈值	"阈值"命令可以将图像转换为对比度较高的黑白图像，该命令会根据图像的亮度值，将较亮的像素以白色表示，将阴暗的像素以黑色表示
渐变映射	"渐变映射"命令可以将图像中最阴暗的部分映射为一组渐变的阴暗色调，图像中最明亮的部分会被映射为一组渐变的明亮色调，从而使图像体现出渐变效果。选择"图像/调整/渐变映射"命令，打开"渐变映射"对话框，在其中选择渐变的预设颜色，也可以通过"渐变编辑器"自定义渐变颜色

 调整偏色照片

本节主要介绍几种常见的图像色调调整命令，下面以调整偏色照片为例，讲解它们在图像色调调整过程中的具体应用及相关设置操作。

本节素材	◎|素材IChapter05Iduck.jpg
本节效果	◎|效果IChapter05Iduck.jpg

步骤01 打开"duck.jpg"素材文件，切换到"通道"面板，查看各通道后可以发现蓝色通道比较灰暗，其他通道基本正常，如图5-69所示。

步骤02 在菜单栏中单击"图像"菜单项，选择"调整/通道混合器"命令，打开"通道混合器"对话框，如图5-70所示。

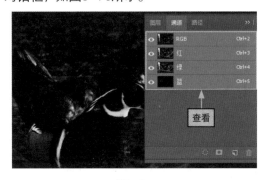

图5-69

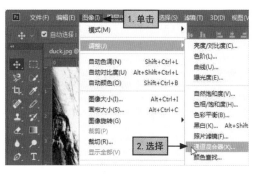

图5-70

步骤03 由于原图偏红，所以在"输出通道"下拉列表框中选择"绿"通道选项，然后向右拖动红色滑块，目的是为了降低红色，如图5-71所示。

步骤04 在"输出通道"下拉列表框中选择"蓝"通道选项，向右拖动绿色滑块，使用绿色通道的数据修复蓝色通道，使照片基本色调得以恢复，单击"确定"按钮，如图5-72所示。

图5-71 图5-72

步骤05 在菜单栏中单击"图像"菜单项，选择"调整/色彩平衡"命令，如图5-73所示。

步骤06 打开"色彩平衡"对话框，在"色彩平衡"栏中对相关颜色参数进行设置，然后单击"确定"按钮，如图5-74所示。

图5-73 图5-74

步骤07 在菜单栏中单击"图像"菜单项，选择"调整/曲线"命令，如图5-75所示。

步骤08 打开"曲线"对话框，向上拖动曲线将照片整体提亮，单击"确定"按钮完成操作，如图5-76所示。

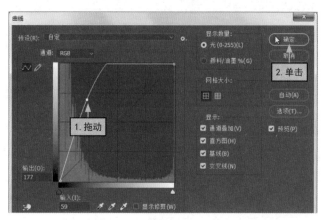

图5-75 图5-76

第6章

轻松绘制与
修饰图像

学习目标

　　Photoshop CC除了具有较强的图像处理功能外，还具有较强的图像绘制与修饰能力。Photoshop为用户提供的绘制与修饰图像的工具有形状工具组、画笔工具组、历史画笔记录工具组、渐变工具以及仿制图章工具等，用户使用这些工具组中的工具可以绘制与修饰出各种特色的图像。

本章要点

- ◆ 画笔工具
- ◆ 颜色替换工具
- ◆ 仿制图章工具
- ◆ 图案图章工具
- ◆ 模糊工具
- ……

LESSON 6.1 认识选择与抠图的方法

知识级别

□初级入门 | ■中级提高 | □高级拓展

知识难度 ★★

学习时长 50 分钟

学习目标

① 使用画笔工具绘制图像。
② 使用铅笔工具绘制直线或曲线。
③ 使用颜色替换工具简化图像中特定的颜色。
④使用混合器画笔工具模拟真实的绘画技术。

※主要内容※

内 容	难 度	内 容	难 度
画笔工具	★	铅笔工具	★★
颜色替换工具	★	混合器画笔工具	★

效果预览 > > >

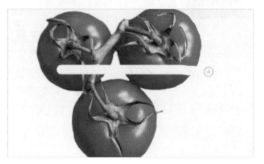

6.1.1 画笔工具

　　画笔工具与我们日常见到的毛笔有些类似，可以通过前景色来绘制较为柔和的线条。画笔不仅可以用来绘制图像，还可以用来修改蒙版和通道。画笔工具的工具选项栏如图6-1所示。

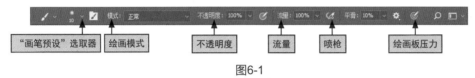

图6-1

　　从图6-1中可以看出，画笔工具的工具选项栏中有多个选项，各选项的具体含义如下。

- **"画笔预设"选取器：** 单击"画笔预设"选取器，打开"画笔"面板，在面板中可以设置画笔的大小和硬度参数，还可以选择笔尖的样式，如图6-2所示。

图6-2

- **绘画模式：** 在画笔工具的工具选项栏中，单击"模式"下拉按钮，在其下拉列表中可以选择画笔笔迹颜色与下面图层像素的混合模式。"正常"模式的绘制效果如图6-3所示，"滤色"模式的绘制效果如图6-4所示。

图6-3

图6-4

● **不透明度：** 用来设置画笔的不透明度，其值越小，线条的透明度越高。人物头发的不透明度为50%时的绘制效果如图6-5所示，人物头发的不透明度为100%时的绘制效果如图6-6所示。

图6-5 图6-6

● **流量：** 流量用来设置当鼠标光标移动到图像上的某个区域时，应用颜色的速率。简单来说，就是在某个区域进行涂抹时，如果一直按住鼠标左键，那么颜色将会根据流动速率进行增加，直到增加到设置的不透明度的值。

● **喷枪：** 单击"喷枪"按钮，即可启动Photoshop的喷枪功能，然后系统会根据鼠标在图像上单击的程度确定画笔线条的填充数量。如果没有启动喷枪功能，则每次单击鼠标可填充一次线条；如果启动了喷枪功能，则按住鼠标左键不放可持续填充线条。

● **绘画板压力：** 单击"绘画板压力"按钮，在绘画板上绘画时，光笔压力会覆盖"画笔"面板上设置的不透明度和大小。

6.1.2 铅笔工具

铅笔工具主要用来绘制边缘明显的直线或曲线，与钢笔工具一样，也是通过前景色来绘制线条的。不过，铅笔工笔与画笔工具存在一个很明显的区别，那就是画笔工具可以绘制带有柔和边缘效果的线条，而铅笔工具只能绘制硬边效果的线条。

在铅笔工具的工具选项栏中，除了增加了"自动抹除"复选框外，其他各项都与画笔工具相似。铅笔工具的工具选项栏如图6-7所示。

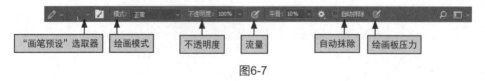

图6-7

选中"自动抹除"复选框，拖动鼠标绘制图像区域时，若鼠标光标的中心在包含前景色的区域中，则该区域将被涂抹成背景色，如图6-8所示；若鼠标光标的中心位置在不包含前景色的区域中，则该区域将被涂抹成前景色，如图6-9所示。

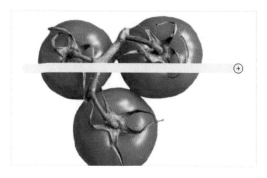

图6-8

图6-9

6.1.3 颜色替换工具

颜色替换工具可以简化设置图像中特定颜色的操作，能直接使用前景色替换图像中的颜色。不过，颜色替换工具不适用于位图、索引或多通道颜色模式的图像。颜色替换工具的工具选项栏如图6-10所示。

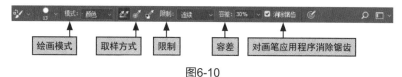

图6-10

颜色替换工具的工具选项栏中有多个选项，具体介绍如图6-11所示。

模式
"模式"下拉列表框用于选择绘画模式，包括"色相""饱和度""颜色"和"明度"4个选项。其中，"颜色"为默认选项，表示可以同时替换色相、饱和度和明度。

取样
"取样"按钮用来设置取样的方式。单击☑按钮，在移动鼠标时可连续对颜色取样；单击☑按钮，只替换包含第一次单击的颜色区域中的目标样式；单击☑按钮，只替换包含当前背景色的区域。

限制
用于确定替换颜色的范围，选择"不连续"选项，可替换出现在鼠标光标下任何位置的样本颜色；选择"连续"选项，可替换与鼠标光标下颜色邻近的颜色；选择"查找边缘"选项，可替换包含样本颜色的连续区域，同时保留形状边缘的锐化程度。

容差
在"容差"数值框中输入百分比值（范围为0~255）可选择相关颜色的色差，降低的百分比可替换与单一像素相似的颜色，增加该百分比可以替换更大范围的颜色。

消除锯齿
选中"消除锯齿"复选框，可以为校正的区域定义平滑的边缘，从而将锯齿去掉。

图6-11

6.1.4 混合器画笔工具

混合器画笔工具可用于混合像素，然后模拟出真实的绘画技术。该工具有两个绘画子工具，分别是储槽和拾取器。其中，储槽存储最终用于画布的颜色，且具有较多的油墨容量；拾取器接收来自画布的油彩，且它的内容与画布颜色连续混合。混合器画笔工具的工具选项栏如图6-12所示。

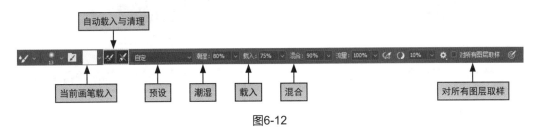

图6-12

混合器画笔工具的工具选项栏中的选项具体介绍如下。

- **当前画笔载入：** 单击"当前画笔载入"下拉按钮，会显示"载入画笔""清理画笔"和"只载入纯色"这三个选项。在使用混合器画笔工具时，按住Alt键并在图像上单击鼠标，即可将鼠标光标下方的颜色载入储槽。如果选择"载入画笔"选项，则可以拾取鼠标光标下方的图像；如果选择"只载入纯色"选项，则可以拾取单色。

- **自动载入与清理：** 单击"每次描边后载入画笔"按钮，可以使鼠标光标下的颜色与前景色混合；单击"每次描边后清理画笔"按钮，可以清理油彩。如果需要在每次扫描后进行自动载入和清理操作，可以同时单击这两个按钮。

- **预设：** Photoshop CC为用户提供了多个预设的画笔组合，如"干燥""潮湿"和"非常潮湿"等，它们主要表示从画布拾取的油彩量。

- **潮湿：** 通过对"潮湿"下拉列表框中的数值进行设置，可以控制画笔从画布中拾取的油墨量，选择较高的数值会产生较长的绘画条痕。

- **载入：** 通过对"载入"下拉列表框中的数值进行设置，可以指定储槽中载入的油彩量。当载入速率设置得较低时，绘画描边的干燥速度就会更快。

- **混合：** 通过对"混合"下拉列表框中的数值进行设置，可以控制画布油彩量与储槽油彩量的比率。当比率为100%时，所有油彩将从画布中拾取；当比率为0%时，则所有油彩从储槽中获得。

- **对所有图层取样：** 如果选中"对所有图层取样"复选框，则可以拾取所有可见图层中的画布颜色。

LESSON 6.2 修复图像瑕疵

知识级别

□初级入门 | ■中级提高 | □高级拓展

知识难度 ★★

学习时长 100 分钟

学习目标

① 使用仿制图章工具将部分图像应用到其他位置。

② 使用图案图章工具将图案填充到图像中。

③ 使用污点修复画笔工具移去图像中的污点和不理想部分。

④ 使用修复画笔工具去除图像中的杂斑、污迹。

⑤ 使用修补工具修改裂痕或污点等有缺陷的图像。

※主要内容※

内 容	难 度	内 容	难 度
仿制图章工具	★	图案图章工具	★★
污点修复画笔工具	★★	修复画笔工具	★★
修补工具	★★★		

效果预览 > > >

6.2.1 仿制图章工具

使用仿制图章工具可以从图像中进行取样，然后将取样点的图像应用到同一图像的不同位置或者其他图像中，也可以将一个图层的一部分仿制到另一个图层，其具体操作如下。

[知识演练] 使用仿制图章工具在"热气球"素材中绘制

本节素材	◎素材\Chapter06\热气球.jpg
本节效果	◎效果\Chapter06\热气球.jpg

步骤01 打开"热气球.jpg"素材文件，在工具箱中的图章工具组上单击鼠标右键，选择"仿制图案工具"选项，如图6-13所示。

步骤02 在工具选项栏中单击"画笔预设"下拉按钮，在打开的选取器中选择图章样式，然后设置图章的大小和硬度，如图6-14所示。

图6-13

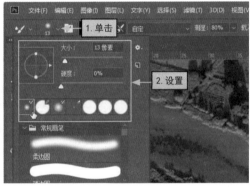
图6-14

步骤03 将鼠标光标移动到图像的取样点处，按住Alt键，当鼠标光标变成⊕形状时单击鼠标，完成取样，如图6-15所示。

步骤04 释放Alt键，将鼠标光标移动到需要复制图像的位置，按住鼠标左键并拖动，即可绘制取样点的图像，且取样点位置以十字形显示，绘制完成后释放鼠标即可，如图6-16所示。

图6-15

图6-16

6.2.2 图案图章工具

在Photoshop CC中，图案图章工具主要用于将预设的图案或自定义的图案填充到图像的选区中，与图案填充效果类似，其具体操作如下。

[知识演练] 使用图案图章工具进行图案填充

本节素材	⊙I素材IChapter06I水果.jpg
本节效果	⊙I效果IChapter06I水果.psd

步骤01 打开"水果.jpg"素材文件，选择矩形选框工具，然后在图像的相应位置创建选区，如图6-17所示。

步骤02 在菜单栏中单击"编辑"菜单项，选择"定义图案"命令，如图6-18所示。

图6-17

图6-18

步骤03 打开"图案名称"对话框，在"名称"文本框中输入名称，单击"确定"按钮，如图6-19所示。

步骤04 创建一个名为"水果.psd"的空白文档，在工具箱的图章工具组上单击鼠标右键，选择"图案图章工具"选项，如图6-20所示。

图6-19

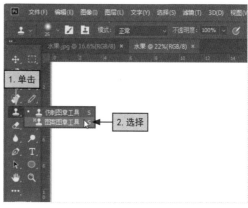

图6-20

步骤05 在工具选项栏中单击"画笔预设"下拉按钮，选择画笔样式，分别设置画笔大小和硬度，如图6-21所示。

步骤06 在工具选项栏中单击"图案"下拉按钮，在打开的"图案"拾色器中选择自定义的图像，如图6-22所示。

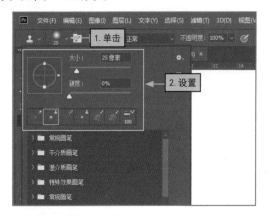

图6-21

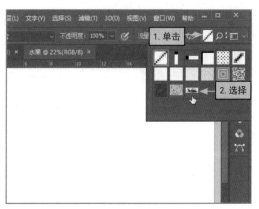

图6-22

步骤07 在创建的空白文档中按住鼠标左键并拖动。此时，即可绘制出图像，如图6-23所示。

图6-23

6.2.3 污点修复画笔工具

污点修复画笔工具可以快速移去照片中的污点和其他不理想部分，适用于去除图像中比较小的杂点或杂斑。在使用污点修复画笔工具时，不需要定义原点，只要确定需要修复的图像位置，调整好画笔大小，移动鼠标就会在确定需要修复的位置自动匹配，其具体操作如下。

[知识演练] 使用污点修复画笔工具修复污点

本节素材	◎I素材IChapter06I玫瑰花.jpg
本节效果	◎I效果IChapter06I玫瑰花.jpg

步骤01 打开"玫瑰花.jpg"素材文件，在工具箱的修复画笔工具组上单击鼠标右键，选择"污点修复画笔工具"选项，如图6-24所示。

步骤02 在工具选项栏中单击"画笔预设"下拉按钮，分别设置画笔大小、硬度和间距等属性，如图6-25所示。

图6-24

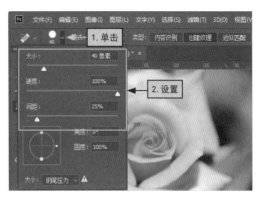
图6-25

步骤03 使用污点修复画笔工具在污点处进行涂抹，如果一次没有完全涂抹干净，则可以进行重复涂抹，如图6-26所示。

步骤04 涂抹完成后，即可看到图像中的所有污点都被清除，如图6-27所示。

图6-26

图6-27

6.2.4 修复画笔工具

　　修复画笔工具可以去除图像中的杂斑、污迹，修复的部分会自动与背景色相融合。在Photoshop中，修复画笔工具使用非常广泛，特别是在一些图像处理或修复上能发挥很大的作用，其具体操作如下。

[知识演练] 使用修复画笔工具消除图片文字

本节素材	◎|素材|Chapter06|狼.jpg
本节效果	◎|效果|Chapter06|狼.jpg

步骤01 打开"狼.jpg"素材文件，在工具箱的修复画笔工具组上单击鼠标右键，选择"修复画笔工具"选项，如图6-28所示。

步骤02 在工具选项栏中单击"画笔预设"下拉按钮，分别设置画笔大小、硬度和间距等属性，如图6-29所示。

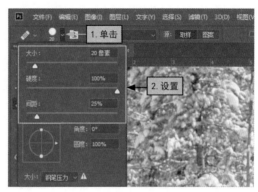

图6-28　　　　　　　　　　　　　　　　　图6-29

步骤03 找到目标位置，如图像中的文字，找到其周围相近的颜色。按住Alt键不放，此时鼠标变成中间有十字形的形状，然后在文字上进行涂抹，如图6-30所示。

步骤04 涂抹完成后释放鼠标，即可看到图像下方的文字已经被修复画笔工具清除，如图6-31所示。

图6-30　　　　　　　　　　　　　　　　　图6-31

6.2.5　修补工具

修补工具可以修复有明显裂痕或污点等缺陷的图像，选择需要修复的选区，并将其拖动到附近完好的区域即可实现修补。如果想要修复照片，可以使用修补工具来修复一些大面积的皱纹等缺陷，细节处理则需要使用仿制图章工具，具体操作如下。

[知识演练] 快速消除图片中的缺陷部分

本节素材	◎|素材|Chapter06|鸭子.jpg
本节效果	◎|效果|Chapter06|鸭子.jpg

步骤01 打开"鸭子.jpg"素材文件，在工具箱的修复画笔工具组上单击鼠标右键，选择"修补工具"选项，如图6-32所示。

步骤02 在修补工具的工具选项栏中，默认选择"选区"选项，也就是所绘制出的轮廓会成为选区，在图像中选择需要修补的区域，如图6-33所示。

图6-32 图6-33

步骤03 将鼠标光标移动到选区中，按住鼠标左键并拖动，将其移动到附近相似的地方后释放（注意观察选区内外的影像是否可以连续），如图6-34所示。

步骤04 按Ctrl+D组合键取消选区，即可发现之前选择的区域已经被完美消除，如图6-35所示。

图6-34 图6-35

知识延伸 | 内容感知移动工具与红眼工具

使用内容感知移动工具，可以将图像中的多余部分去除，同时自动计算和修复移除部分，从而实现更加完美的图片合成效果。它可以将物体移动至图像的其他区域，并且重新混合组色，以便产生新的位置视觉效果。

在夜间对人物进行拍摄时，由于摄影器材的光线原因，常常会使人的眼睛形成红眼效果。红眼效果的图像看上去很不正常，也不美观。此时，可以使用红眼工具去除红眼效果，因为红眼工具可移去用闪光灯拍摄的人物照片中的红眼，也可以移去用闪光灯拍摄的动物照片中的白色或红色反光。

LESSON 6.3 历史记录画笔工具组

知识级别

□初级入门 | ■中级提高 | □高级拓展

知识难度 ★★

学习时长 50 分钟

学习目标

① 使用历史记录画笔工具将图像编辑中的某个状态还原。

② 使用历史记录艺术画笔工具以风格化描边进行绘画。

※主要内容※

内　容	难　度	内　容	难　度
历史记录画笔工具	★★	历史记录艺术画笔工具	★★

效果预览 > > >

6.3.1 历史记录画笔工具

历史记录画笔工具是Photoshop中的图像编辑恢复工具，使用该工具，可以将图像编辑工程中的某个状态还原，或将部分图像恢复为最初状态，未编辑的图像则不会受到影响，具体操作如下。

[知识演练] 使用历史记录画笔工具恢复之前的操作

本节素材	◎|素材|Chapter06|小鸟.jpg
本节效果	◎|效果|Chapter06|小鸟.jpg

步骤01 打开"小鸟.jpg"素材文件，在菜单栏中单击"窗口"菜单项，选择"历史记录"命令，打开"历史记录"面板，如图6-36所示。

步骤02 在菜单栏中单击"图像"菜单项，选择"调整/色相/饱和度"命令，如图6-37所示。

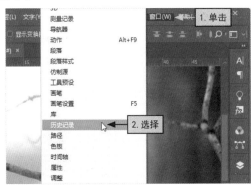 

图6-36　　　　　　　　　　　　图6-37

步骤03 打开"色相/饱和度"对话框，在其中进行相应设置，然后单击"确定"按钮，从而为原图小鸟的毛发修改颜色，如图6-38所示。

步骤04 在"历史记录"面板中可以看到所做的每一步操作，然后在工具箱的历史记录工具组上单击鼠标右键，选择"历史记录画笔工具"选项，如图6-39所示。

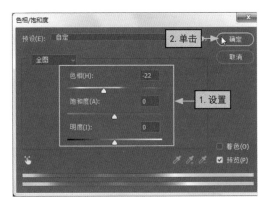 

图6-38　　　　　　　　　　　　图6-39

步骤05 在工具选项栏中单击"画笔预设"下拉按钮，分别设置画笔大小、硬度等。在"历史记录"面板中，选择原图像缩略图左边的小方框，如图6-40所示。

步骤06 此时，鼠标光标变成画笔工具，然后在小鸟已经改变了颜色的地方进行涂抹，会发现涂抹过的地方变为了原来的红色，如图6-41所示。

图6-40

图6-41

步骤07 涂抹完成后，回到"历史记录"面板中，选中"色相/饱和度"历史记录选项前的复选框，如图6-42所示。

步骤08 在小鸟图形上进行涂抹，此时小鸟的颜色又变回了之前调整过的颜色，如图6-43所示。

图6-42

图6-43

知识延伸｜"历史记录"面板的注意事项

在Photoshop中，因为对面板、颜色设置、动作和首选项做出的修改不是对某个特定图像的修改，所以在"历史记录"面板中不会被记录下来。

6.3.2 历史记录艺术画笔工具

使用历史记录艺术画笔工具可以指定历史记录状态或快照中的源数据，以风格化描边

进行绘画。通过对绘画样式、大小和容差等选项的设置，可以使用不同的色彩和艺术风格
模拟绘画的纹理。

历史记录艺术画笔工具与历史记录画笔工具的工作方式基本相同，不过历史记录画
笔工具通过重新创建指定的源数据来绘画，而历史记录艺术画笔工具在使用这些数据的同
时，还可以应用不同的颜色和艺术风格。

为获得各种视觉效果，在用历史记录艺术画笔工具绘画之前，可以尝试应用滤镜或用
纯色填充图像。历史记录艺术画笔工具的工具选项栏如图6-44所示。

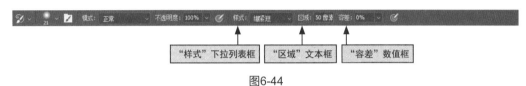

图6-44

下面来了解一下样式、区域和容差。

● **"样式"下拉列表框**：在Photoshop CC中的"样式"下拉列表框中可选择10种画笔笔
触，包括"绷紧短""绷紧中"和"绷紧长"等选项。用户可以根据绘画的样式选择合适
的画笔笔触样式，根据画笔的类型，绘制图像的风格也会发生改变。

● **"区域"文本框**：用于设置历史记录艺术画笔工具所绘制的范围，数值越大，覆盖的区
域就越大，描边的数量也就越多。

● **"容差"数值框**：用于设置历史记录艺术画笔工具所描绘的颜色与所要恢复的颜色的差
异度，数值越小，图像恢复的精准度越高。

历史记录艺术画笔工具的操作非常简单，只需要在工具箱的历史记录工具组上单击鼠
标右键，选择"历史记录艺术画笔工具"选项，在工具选项栏中对相应选项进行设置，然
后在图像中涂抹，即可得到相应效果，如图6-45所示。

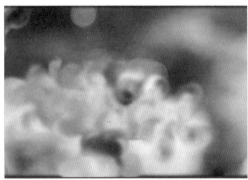

图6-45

LESSON
6.4 图像的简单修饰

知识级别

□初级入门 ｜ ■中级提高 ｜ □高级拓展

知识难度 ★★

学习时长 150 分钟

学习目标

① 使用模糊工具对图像进行柔化。
② 使用锐化工具调整图像的清晰度。
③ 使用涂抹工具让画面产生模糊感。
④ 使用减淡工具增强画面的明亮程度。
⑤ 使用加深工具降低图像的亮度。
⑥ 使用海绵工具将有颜色的部分变为黑白。

※主要内容※

内　　容	难　　度	内　　容	难　　度
模糊工具	★	锐化工具	★★
涂抹工具	★★★	减淡工具	★★
加深工具	★★	海绵工具	★★★

效果预览 > > >

6.4.1 模糊工具

模糊工具也称为柔化工具，其作用是对图像进行柔化，即将涂抹的区域变得模糊，模糊也是一种表现手法，即将画面中的次要部分作模糊处理，从而凸显主体，其具体操作如下。

[知识演练] 对"睡莲"素材的非主体部分进行模糊处理

本节素材	◉ 素材|Chapter06|睡莲.jpg
本节效果	◉ 效果|Chapter06|睡莲.jpg

步骤01 打开"睡莲.jpg"素材文件，从素材中可以看出荷花周围有很多荷叶，这些荷叶比较抢眼，所以需要将荷叶进行模糊处理。在工具箱的模糊工具组上单击鼠标右键选择"模糊工具"选项，如图6-46所示。

步骤02 在工具选项栏中单击"画笔预设"下拉按钮，分别设置画笔大小、硬度等，如图6-47所示。

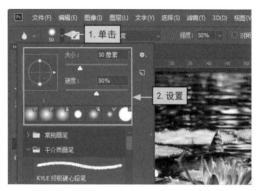

图6-46　　　　　　　　　　　　　　　　图6-47

步骤03 为了达到更好的模糊效果，可以在工具选项栏中将强度设置为50%，然后在荷叶上来回涂抹，直到荷叶变得模糊为止，如图6-48所示。

步骤04 利用模糊工具对荷叶进行涂抹后，可以看出荷叶变得模糊，而粉红色的荷花明显突出，如图6-49所示。

图6-48　　　　　　　　　　　　　　　　图6-49

6.4.2 锐化工具

锐化工具可以调整图像的清晰度，锐化值越高，相邻像素之间的对比度越大，画面中模糊的部分就会变得越清晰。锐化工具在使用过程中不带有类似喷枪的可持续作用性，所以在一个地方停留并不会加大锐化程度。

在工具箱中选择"锐化工具"选项，就可在工具选项栏中对相关选项进行设置。锐化工具的工具选项栏如图6-50所示。

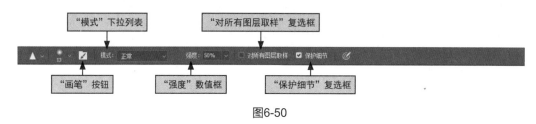

图6-50

锐化工具的工具选项栏中各选项的具体作用如下。

● **"画笔"按钮：**只需要单击 按钮，即可打开"画笔"面板，在该面板中可以选择一个笔尖，锐化区域的大小取决于画笔的大小。

● **"模式"下拉列表框：**用来设置涂抹效果的混合模式，包含"正常""变暗""变亮""色相"以及"饱和度"等7种模式。

● **"强度"数值框：**用来设置工具的修改强度。

● **"对所有图层取样"复选框：**若图像文档中包含多个图层，选中该复选框，则可对所有可见图层中的数据进行处理；若取消选中该复选框，则只处理当前图层中的数据。

● **"保护细节"复选框：**选中该复选框，可以增强细节，弱化图像的不自然感；如果取消选中该复选框，则可能产生比较夸张的锐化效果。

锐化工具的操作与模糊工具的操作类似，只需要使用锐化工具在图像中涂抹，即可使前景图像更加清晰，如图6-51所示。

图6-51

6.4.3 涂抹工具

涂抹工具可以让画面产生一定的模糊感，使用涂抹工具涂抹图像时，可以拾取鼠标单击点的颜色，并沿着移动的方向展开拾取的颜色，模拟出类似于用手指拖动油漆时的效果，其具体操作如下。

[知识演练] 使用涂抹工具模糊图像

本节素材	◉ I素材IChapter06I画笔.jpg
本节效果	◉ I效果IChapter06I画笔.jpg

步骤01 打开"画笔.jpg"素材文件，在工具箱的模糊工具组上单击鼠标右键，选择"涂抹工具"选项，如图6-52所示。

步骤02 在工具选项栏中调整强度，单击"画笔预设"下拉按钮，根据需要调整画笔的大小、硬度和样式等，如图6-53所示。

图6-52

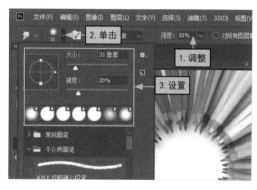

图6-53

步骤03 使用涂抹工具对部分图像进行涂抹，涂抹的部分会变得较为模糊，如图6-54所示。

步骤04 涂抹完成后，释放鼠标，即可看到相应的涂抹效果，如图6-55所示。

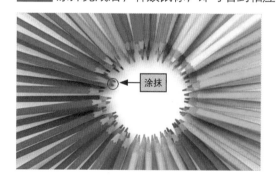

图6-54

图6-55

6.4.4 减淡工具

减淡工具可以将图像亮度增强，颜色减淡，主要用来增强画面的明亮程度。在画面曝光不足时，使用该工具的效果非常明显，通常与色阶工具有类似的效果，其具体操作如下。

[知识演练] 使用减淡工具强调图片主体

本节素材	◎I素材IChapter06I绿植.jpg
本节效果	◎I效果IChapter06I绿植.jpg

步骤01 打开"绿植.jpg"素材文件，在工具箱的减淡加深工具组上单击鼠标右键，选择"减淡工具"选项，如图6-56所示。

步骤02 在工具选项栏中调整范围与曝光度，然后根据需要调整画笔的大小、硬度和样式等，如图6-57所示。

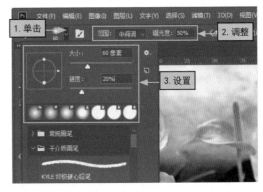

图6-56   图6-57

步骤03 按住鼠标左键，使用减淡工具在图像的合适部分进行涂抹，从而调整图像的亮度，如图6-58所示。

步骤04 涂抹完成并释放鼠标后，即可看到相应的调整效果，如图6-59所示。

图6-58   图6-59

6.4.5 加深工具

加深工具与减淡工具正好相反，它是通过降低图像的曝光度来降低图像的亮度。该工具的主要作用是用来增强图像的暗部，加深图像的颜色，常常用来修复一些过曝的图像、制作图像的暗角以及加深局部颜色等。通常情况下，加深工具与减淡工具搭配使用效果会更好，加深工具的工具选项栏如图6-60所示。

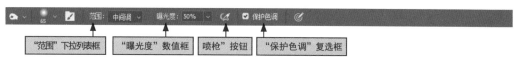

图6-60

加深工具的工具选项栏中各选项的具体介绍如下。

● **"范围"下拉列表框**：可以选择要修改的色调，包含"阴影"、"中间调"和"高光"三个选项。如果选择"阴影"选项，则可以处理图像的暗色调；如果选择"中间调"选项，则可以处理图像的中间调；如果选择"高光"选项，则可以处理图像的亮部色调。

● **"曝光度"数值框**：可以为加深工具指定曝光度，其值越大，效果也就越明显。

● **"喷枪"按钮** ：单击"喷枪"按钮，可以为画笔开启喷枪功能。

● **"保护色调"复选框**：选中"保护色调"复选框，可以减小对图像色调的影响，还可以防止偏色。

加深工具的设置选项并不多，其处理前后的对比效果如图6-61所示。

图6-61

6.4.6 海绵工具

海绵工具是用来吸取颜色的工具，可以将有颜色的部分变为黑白色。它与减淡工具不同，减淡工具在进行减淡操作时会将所有颜色（包括黑色）都减淡，最终形成一片白色；而海绵工具则只会吸取除黑白色以外的颜色。

另外，海绵工具可以修改色彩的饱和度，选择该工具后，在图像上单击并拖动鼠标涂抹即可，其具体操作如下。

[知识演练] 使用海绵工具减淡图像颜色

本节素材	◉ I素材IChapter06I黄鹂.jpg
本节效果	◉ I效果IChapter06I黄鹂.jpg

步骤01 打开"黄鹂.jpg"素材文件，在工具箱的减淡加深工具组上单击鼠标右键，选择"海绵工具"选项，如图6-62所示。

步骤02 在工具选项栏中设置模式与流量，单击"画笔预设"下拉按钮，根据需要调整画笔的大小、硬度和样式等，如图6-63所示。

图6-62   图6-63

步骤03 按住鼠标左键拖动涂抹图像，可以发现图像的颜色明显变淡很多，达到需要的效果后释放鼠标，如图6-64所示。

图6-64

第7章

探索通道与
蒙版的秘密

学习目标

　　Photoshop有两个非常重要的图像处理工具，即通道和蒙版。在实际的应用中，通道可以用来记录图像中的颜色信息、选区内容等，这样可以更加精确地选取图像。蒙版则可以用来指定或选取固定区域，不被其他操作影响，从而起到遮盖图像的作用。

本章要点

◆　通道的类型
◆　选择通道
◆　通道与选区的转换
◆　合并通道创建彩色图像
◆　蒙版的用途与种类
......

LESSON
7.1
通道的基本操作

知识级别

□初级入门 | ■中级提高 | □高级拓展

知识难度 ★★

学习时长 80 分钟

学习目标

① 认识几种常见的通道。

② 掌握通道的选择方法。

③ 掌握通道的复制方法。

④ 了解如何删除通道。

⑤ 掌握通道与选区的具体转换方式。

⑥ 通过合并通道创建彩色图像。

※主要内容※

内　容	难　度	内　容	难　度
通道的类型	★	选择通道	★★
复制通道	★★	删除通道	★★
通道与选区的转换	★★★	合并通道创建彩色图像	★★★

效果预览 > > >

7.1.1 通道的类型

通道作为图像的组成部分，与图像的格式密不可分，因为图像颜色和格式的不同决定了通道的数量和模式，在"通道"面板中可以非常直观地看到这些效果。通道中的像素颜色是由一组原色的亮度值组成的，通道实际上可以理解为是选择区域的映射。根据通道的用途，可以将其分为5种类型，分别是复合通道、颜色通道、专色通道、Alpha通道和临时通道，其具体介绍如下。

① 复合通道

复合通道不包含任何信息，可以将其看作是同时预览并编辑所有颜色通道的一个快捷方式。通常情况下，使用复合通道主要是为了在单独编辑完一个或多个颜色通道后使"通道"面板返回到它的默认状态。

通道在Photoshop中有3种模式，即RGB模式、CMYK模式和Lab模式。对于RGB图像而言，含有RGB、R、G和B通道；对于CMYK图像而言，含有CMYK、C、M、Y和K通道；对于Lab图像而言，含有Lab、L、a和b通道，如图7-1所示。

图7-1

② 颜色通道

新建图像或者打开图像，都会自动创建颜色通道。在Photoshop中编辑图像时，实际上就是在对颜色通道进行编辑。这些通道把图像分解成一个或多个色彩成分，图像的模式决定了颜色通道的数量。

RGB图像有R、G和B这3个颜色通道，CMYK图像有C、M、Y和K这4个颜色通道，灰度图只有一个颜色通道，它们包含所有将被打印或显示的颜色。在查看单个通道图像时，图像将是没有颜色的灰度模式，通过编辑灰度级的图像，可以更好地掌握各个通道原色的亮度变化，如图7-2所示。

图7-2

❸ 专色通道

专色通道是一种特殊的颜色通道，它可以使用除了青色、洋红、黄色、黑色以外的颜色来绘制图像。在印刷中，为了让印刷作品与众不同，常常会做一些特殊效果处理。例如，增加荧光油墨或夜光油墨等，这些特殊颜色的油墨无法使用三原色油墨混合而成，此时就需要使用专色通道与专色印刷。

在"通道"面板中，单击右上角的"菜单"按钮，选择"新建专色通道"命令，即可打开"新建专色通道"对话框。在其框中设置通道的名称和油墨颜色。返回到"通道"面板中即可得到一个专色通道，如图7-3所示。

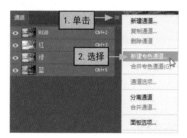

图7-3

❹ Alpha通道

Alpha通道指的是特别的通道，在图像中主要有3个作用，一是保存选区范围，且不会影响图像的显示和印刷效果；二是可以将选区存储为灰度图像，这样就可以使用画笔和渐变等工具通过Alpha通道来更改选区；三是可以直接通过Alpha通道载入选区。在"通道"面板中，单击"创建新通道"按钮，即可创建一个Alpha通道；也可以在创建选区后，单击"将选区存储为通道"按钮，新建Alpha通道存储选区，如图7-4所示。

图7-4

❺ 临时通道

临时通道是指临时存在的通道，用于暂时存储图像选区信息，在调整了图层、创建了图层蒙版或进入快速蒙版状态后，"通道"面板上就会产生一个临时通道。在"图层"面板中为图层调整"亮度/对比度"后,在"通道"面板中出现一个名为"亮度/对比度 1蒙版"的临时通道,如图7-5所示。

图7-5

知识延伸 | 认识"通道"面板

"通道"面板主要用于创建、保存和管理通道。在打开图像后,Photoshop会自动创建该图像的颜色信息通道,在"通道"面板中就能看到图像的通道信息,如图7-6所示。在"通道"面板中有多个选项,其具体含义如图7-7所示。

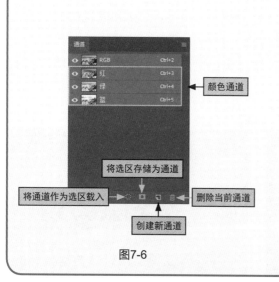

图7-6

将通道作为选区载入

单击"将通道作为选区载入"按钮,可以载入所选通道内的选区。

将选区存储为通道

单击"将选区存储为通道"按钮,可以将图像中选择的区域保存为通道。

创建新通道

单击"创建新通道"按钮,则可以创建一个Alpha通道。

删除当前通道

单击"删除当前通道"按钮,即可删除当前所选择的通道。

图7-7

7.1.2 选择通道

在"通道"面板中,最基本的操作就是选择通道,因为要想对通道进行操作,首先需要选择通道。选择通道主要有两种方式,即选择单个通道和选择多个通道。

- **选择单个通道：** 在"通道"面板中，如果只需要选择一个通道选项，则可直接选中该通道，图像窗口中就会显示所选通道的灰色图像，如图7-8所示。

- **选择多个通道：** 在"通道"面板中，按住Shift键后依次选择多个通道，此时图像窗口中会显示多个颜色通道的复合信息，如图7-9所示。

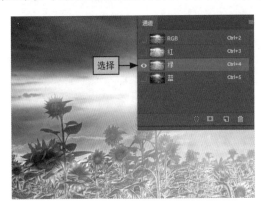

图7-8 图7-9

7.1.3 复制通道

如果在"通道"面板中直接对颜色通道进行编辑，会导致图像的色彩效果发生改变。因此，在使用颜色通道创建选区时，用户可以复制颜色通道，然后对复制的副本进行编辑。通道的复制与图层的复制类似，可以直接通过"通道"面板进行操作。

在"通道"面板中，选择需要复制的颜色通道，单击鼠标右键，在弹出的快捷菜单中选择"复制通道"命令，打开"复制通道"对话框，设置通道的名称，单击"确定"按钮，如图7-10所示。

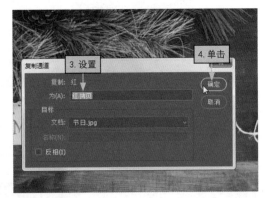

图7-10

用户还可以直接将需要复制的通道拖曳到"通道"面板的"创建新通道"按钮上，释放鼠标后，在"通道"面板上就创建一个通道副本，如图7-11所示。

图7-11

新建通道后，该通道会显示一个默认的名称，为了便于区分这些通道，可以为其重命名，具体操作
是：双击"通道"面板中目标通道的名称，在激活的文本框中输入新名称，如图7-12所示。需要
注意的是，复合通道和颜色通道不能重命名。

图7-12

7.1.4 删除通道

在Photoshop CC中删除通道非常简单，主要有3种方法，分别是通过快捷菜单删除、通
过扩展菜单删除和通过删除按钮删除。

① 通过快捷菜单删除通道

在"通道"面板中选择需要删除的通道，单击鼠标右键，在弹出的快捷菜单中选择
"删除通道"命令，即可删除目标通道，如图7-13所示。

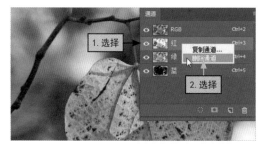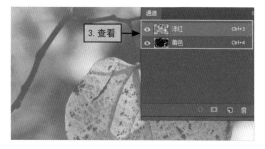

图7-13

② **通过扩展菜单删除通道**

在"通道"面板中选择需要删除的通道，然后在面板的右上角单击"扩展"按钮，在打开的菜单中选择"删除通道"命令，即可删除目标通道，如图7-14所示。

图7-14

③ **通过删除按钮删除通道**

在"通道"面板中选择需要删除的通道，将其拖动到"删除"按钮上或者直接单击"删除"按钮，即可删除目标通道，如图7-15所示。

图7-15

7.1.5 通道与选区的转换

在Photoshop CC中，通道与选区是可以相互转换的，只需要通过"通道"面板中的两个功能按钮即可实现。

● **将选区转换为通道：** 如果在图像中创建了选区，则在"通道"面板中单击"将选区存储为通道"按钮，即可将选区保存到通道中，如图7-16所示。

图7-16

● **将通道转换为选区：** 在"通道"面板中，选择要载入选区的通道，单击面板底部的"将
通道作为选区载入"按钮，即可将通道载入选区中，如图7-17所示。

图7-17

7.1.6 | 合并通道创建彩色图像

在Photoshop CC中，多个灰度图像的通道可以合并为一个图像的通道，合并后最终会
形成彩色图像。不过，合并的几个图像的颜色模式都必须是灰度模式，具有相同的像素尺
寸且处于打开状态，具体操作如下。

[知识演练] 合并多个灰色图像从而形成彩色图像

本节素材	◉ \素材\Chapter07\天空1.jpg、天空2.jpg、天空3.jpg
本节效果	◉ \效果\Chapter07\天空.jpg

步骤01 分别打开"天空1.jpg""天空2.jpg"和"天空3.jpg"素材文件，在"通道"面板中单
击"扩展"按钮，选择"合并通道"命令，如图7-18所示。

步骤02 打开"合并通道"对话框，单击"模式"下拉按钮，选择"RGB颜色"选项，单击
"确定"按钮，如图7-19所示。

图7-18

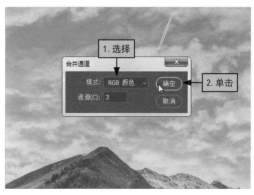

图7-19

步骤03 打开"合并RGB通道"对话框，设置指定的多个通道，单击"确定"按钮，如图7-20所示。

步骤04 返回到文档窗口中，即可看到合并的彩色图像，如图7-21所示。

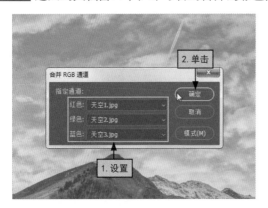

图7-20

图7-21

通过编辑颜色通道更改图像色调

本节主要介绍通道的基本操作，下面通过编辑颜色通道更改图像色调为例，讲解通道的一些基本设置与操作。

本节素材	◉ |素材|Chapter07|花.jpg
本节效果	◉ |效果|Chapter07|花.psd

步骤01 打开"花.jpg"素材文件，在"图层"面板中按Ctrl+J组合键复制背景图层，如图7-22所示。

步骤02 在"通道"面板中选择"绿"通道，按Ctrl+A组合键全选图像，按Ctrl+C组合键复制图像，如图7-23所示。

图7-22

图7-23

步骤03 在"通道"面板中选择"蓝"通道，按Ctrl+V组合键粘贴"绿"通道，并选择RGB通道，如图7-24所示。

步骤04 按Ctrl+D组合键取消图像的选区，选择椭圆矩形选框工具，设置羽化值为"100px"，在图像中绘制椭圆选区，如图7-25所示。

图7-24

图7-25

步骤05 按Shift+Ctrl+I组合键反选选区，新建图层并为其填充白色，设置不透明度与填充，从而制作出白色晕影效果，按Ctrl+D组合键取消选区，如图7-26所示。

步骤06 打开"调整"面板，在其中单击"自然饱和度"按钮。在打开的"属性"面板中调整自然饱和度与饱和度，如图7-27所示。

图7-26

图7-27

LESSON 7.2 认识蒙版

知识级别

■初级入门 | □中级提高 | □高级拓展

知识难度 ★

学习时长 50 分钟

学习目标

① 熟悉蒙版的用途与种类。

② 掌握蒙版的"属性"面板用法。

※主要内容※

内 容	难 度	内 容	难 度
蒙版的用途与种类	★★★	蒙版的"属性"面板	★★★

效果预览 > > >

7.2.1 蒙版的用途与种类

在Photoshop CC中，蒙版是一种独特的图像处理方式，主要用于隔离和保护图像中的特定区域。对图像中的指定区域进行颜色调整或滤镜处理等操作，被蒙版覆盖的区域不会受到影响。

① 蒙版的用途

Photoshop中的蒙版就是一种遮盖图像指定区域的工具，可以为图像添加遮罩效果，控制图像区域的显示或隐藏。因此，蒙版主要用于合成图像，使用蒙版合成的图像效果如图7-28所示。

图7-28

在对图像的某一特定区域应用颜色变化、滤镜和其他效果时，没有被选择的区域会受到保护和隔离而不被编辑。简单而言，蒙版和选区在使用和效果上有相似之处，但蒙版可以利用Photoshop的大部分功能，甚至可以更为详细地描述出具体想要操作的区域，而选区的功能则有限。蒙版有3个作用，分别是抠图、淡化图的边缘以及图层间的融合。

② 蒙版的种类

蒙版的功能就是将不同的灰色指转化为不同的透明度，并将其作用在图层上，从而使图层的透明度发生变化。不同类型的蒙版具有不同的特点，掌握它们的使用方法，就可以满足各种编辑需求。Photoshop CC主要为用户提供了4种蒙版，即图层蒙版、剪贴蒙版、矢量蒙版和快速蒙版。

图层蒙版可以通过蒙版中的灰度信息来控制图像的显示区域，可用于合成图像；剪贴蒙版可以通过一个对象的形状来控制其他图层的显示区域；矢量蒙版可以通过路径和矢量形状控制图像的显示区域；快速蒙版可用于建立选区。

7.2.2 蒙版的"属性"面板

蒙版的"属性"面板主要用于调整所选图层中的图层蒙版和矢量蒙版的不透明度、羽化范围以及颜色范围等属性。在创建了图层蒙版或矢量蒙版后，"属性"面板中就会显示出蒙版的设置选项，如图7-29所示。

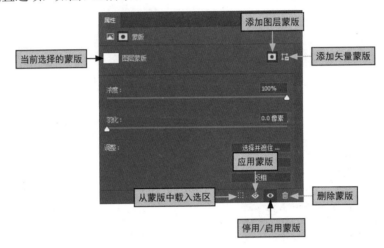

图7-29

● **当前选择的蒙版：** 当前选择的蒙版显示出了在"图层"面板中所选择的蒙版类型。此时，可以在"属性"面板中对其进行编辑，如图7-30所示。

图7-30

● **添加图层蒙版：** 在"属性"面板中单击"添加图层蒙版"按钮，可以为当前图层添加一个图层蒙版。

● **添加矢量蒙版：** 在"属性"面板中单击"添加矢量蒙版"按钮，可以为当前图层添加一个矢量蒙版。

● **"浓度"滑块：** 在"属性"面板中拖动"浓度"滑块，可以调整蒙版的不透明度，也就是蒙版的遮盖程度。浓度为50%的图像效果如图7-31（左）所示，浓度为100%的图像效果如图7-31（右）所示。

图7-31

● **"羽化"滑块：** 在"属性"面板中拖动"羽化"滑块，可以柔化蒙版的边缘，如图7-32
所示。

图7-32

● **"选择并遮住"按钮：** 在"属性"面板中单击"选择并遮住"按钮会打开相应的"属
性"面板，在其中可以修改蒙版边缘，并针对不同的背景查看蒙版，其操作与调整选区边
缘非常相似，如图7-33所示。

图7-33

- **"颜色范围"按钮：** 在"属性"面板中单击"颜色范围"按钮会打开"色彩范围"对话框。在"色彩范围"对话框中可以对图像进行取样，并通过调整颜色容差来修改蒙版范围，如图7-34所示。

图7-34

- **"反相"按钮：** 在"属性"面板中单击"反相"按钮，可以翻转蒙版的遮挡区域。

- **"从蒙版中载入选区"按钮：** 在"属性"面板中单击"从蒙版中载入选区"按钮，可以载入蒙版中包含的选区。

- **"应用蒙版"按钮：** 在"属性"面板中单击"应用蒙版"按钮，可以将蒙版应用到图像中，同时也会删除被蒙版所遮盖的图像。

- **"停用/启用蒙版"按钮：** 在"属性"面板中单击"停用/启用蒙版"按钮，可以停用或重新启用蒙版。当蒙版被停用时，在蒙版缩览图上会出现一个红色"×"符号，如图7-35所示。

- **"删除蒙版"按钮：** 在"属性"面板中单击"删除蒙版"按钮，可以删除当前图层上的蒙版。手动将蒙版缩略图拖动到"图层"面板上的"删除图层"按钮上，也可以删除蒙版，如图7-36所示。

 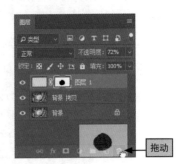

图7-35　　　　　　　　　　　　　　　图7-36

LESSON 7.3 认识不同类型的蒙版

知识级别

□初级入门 | ■中级提高 | □高级拓展

知识难度 ★★★

学习时长 120 分钟

学习目标

① 使用图层蒙版合成图像。

② 使用矢量蒙版控制图像的显示与隐藏。

③ 使用剪贴蒙版创建剪贴画的效果。

④ 使用快速蒙版创建需要的选区。

※主要内容※

内　容	难　度	内　容	难　度
图层蒙版	★★	矢量蒙版	★★★
剪贴蒙版	★★★	快速蒙版	★★

效果预览 > > >

7.3.1 图层蒙版

图层蒙版也称为像素蒙版，是最常见的蒙版类型，主要作用是蒙在图层上边，起到遮盖图层的作用，而图层蒙版本身却不可见。图层蒙版主要用于合成图像，利用填充工具可填充不同灰度的颜色。

① 创建图层蒙版

在编辑图像时，如果需要遮盖图像的部分区域，可以先为其添加一个图层蒙版，然后调整该蒙版的颜色，具体操作如下。

[知识演练] 为图像创建图层蒙版

本节素材	◎I素材IChapter07I格桑花.jpg、蝴蝶.jpg
本节效果	◎I效果IChapter07I格桑花.psd

步骤01 打开"格桑花.jpg"和"蝴蝶.jpg"素材文件，在"蝴蝶.jpg"图像窗口中按Ctrl+A组合键全选图像，按Ctrl+C组合键复制图像，如图7-37所示。

步骤02 切换到"格桑花.jpg"图像窗口中，按Ctrl+V组合键粘贴图像，此时"图层"面板中添加了"图层1"新图层，如图7-38所示。

图7-37   图7-38

步骤03 将"图层 1"的不透明度设置为"50%"（便于对其进行变形操作时能更清楚地看到图像的位置），如图7-39所示。

步骤04 按Ctrl+T组合键显示定界框，调整图像的大小、方向与位置，完成后按Enter键退出定界框，如图7-40所示。

图7-39   图7-40

步骤05 在"图层"面板上将"图层1"的不透明度设置为"100%"，单击"添加图层蒙版"按
钮，如图7-41所示。

步骤06 选择画笔工具（前景色设置为黑色），在图像中进行涂抹，清除图层蒙版中不需要的图
像部分即可完成操作，如图7-42所示。

图7-41 图7-42

② 调整图层蒙版

在Photoshop CC中，为图像创建了调整图层（色阶、曲线等图层)后，系统都会自动创
建一个图层蒙版，以便用户编辑图像应用区域。在菜单栏中单击"窗口"菜单项，选择
"调整"命令，在打开的"调整"面板中创建调整图层，根据图层蒙版的功能，系统会自
动在"图层"面板中创建一个图层蒙版，如图7-43所示。

图7-43

③ 链接与取消链接图层蒙版

图层蒙版成功创建后，在"图层"面板的图像缩览图与图层蒙版缩览图中会出现一个
链接图标。该图标表示图像与蒙版正处于链接状态，如果对图像进行变换操作，则蒙版也
会随之发生变换。

如果不想让图像与蒙版有这种关联，则可以取消图像与蒙版之间的链接，只需要在
"图层"面板中单击"链接"图标即可，如图7-44（左）所示。也可以在菜单栏中单击

"图层"菜单项，选择"图层蒙版/取消链接"命令，如图7-44（右）所示。

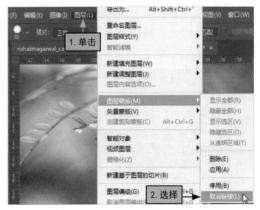

图7-44

7.3.2 矢量蒙版

矢量蒙版是指通过矢量图形控制图像的显示与隐藏，在对图像进行编辑的过程中，不会受到像素的影响。因此，用户可以随意地缩放图像尺寸，而不会影响图像的清晰度。

❶ 创建矢量蒙版

通过钢笔工具、自定形状等矢量工具创建的蒙版就是矢量蒙版，在蒙版创建好之后，还可以利用这些矢量工具对其进行编辑。创建矢量蒙版的具体操作如下。

[知识演练] 为"风景"素材创建矢量蒙版

本节素材	◎ 素材\Chapter07\风景.psd
本节效果	◎ 效果\Chapter07\风景.psd

步骤01 打开"风景.psd"素材文件，在"图层"面板中选择"图层 1"，在工具箱中选择"自定形状工具"选项，在工具选项栏中选择"路径"选项，如图7-45所示。

步骤02 在工具选项栏中单击"形状"下拉按钮，在打开的面板中单击"设置"下拉按钮，选择"全部"命令，如图7-46所示。

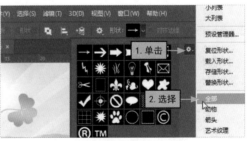

图7-45   图7-46

步骤03 在打开的提示对话框中单击"确定"按钮，即可载入Photoshop提供的所有形状，如图7-47所示。

步骤04 在工具选项栏的"形状"下拉列表框中选择心形图形，然后在图像中绘制形状，如图7-48所示。

 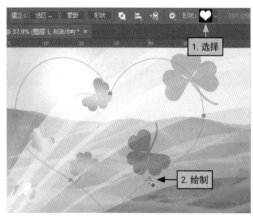

图7-47　　　　　　　　　　　　　　　　　图7-48

步骤05 在菜单栏中单击"图层"菜单项，选择"矢量蒙版/当前路径"命令，如图7-49所示。

步骤06 此时，在图像窗口中可以看到基于当前路径创建的矢量蒙版，路径外的图像已经被蒙版遮住，如图7-50所示。

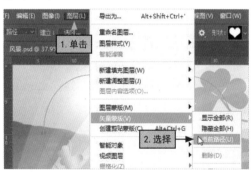 

图7-49　　　　　　　　　　　　　　　　　图7-50

❷ 将矢量蒙版转换为图层蒙版

创建矢量蒙版后，用户可以根据实际需要将矢量蒙版转换为图层蒙版，具体操作是：在"图层"面板上选择矢量蒙版所在的图层选项，在菜单栏中单击"图层"菜单项，选择"栅格化/矢量蒙版"命令，即可将矢量蒙版栅格化，再将其转换为图层蒙版。矢量蒙版如图7-51（左）所示，转换后的图层蒙版效果如图7-51（右）所示。

图7-51

7.3.3 剪贴蒙版

剪贴蒙版也称剪贴组，可以通过位于下方图层的形状来限制上方图层的显示状态，从而达到一种剪贴画的效果。因此，要想创建剪贴蒙版，图像中至少需要有两个图层。由于创建剪贴蒙版需要对两个及两个以上的图层进行操作，所以它相对于图层蒙版与矢量蒙版来说，操作更为复杂，具体操作如下。

[知识演练] 为"蝴蝶与花"素材创建剪贴蒙版

本节素材	◎I素材IChapter07I蝴蝶与花.psd
本节效果	◎I效果IChapter07I蝴蝶与花.psd

步骤01 打开"蝴蝶与花.psd"素材文件，在"图层"面板的"图层 1"图层上方新建一个图层，然后单击"图层 2"图层前的"指示图层可见性"按钮，将其隐藏，如图7-52所示。

步骤02 在工具箱中选择自定形状工具，在工具选项栏的绘图模式中选择"像素"选项，如图7-53所示。

图7-52   图7-53

步骤03 在"形状"下拉列表框中选择"红心形卡"选项，然后在图像窗口中绘制形状，如图7-54所示。

步骤04 单击"图层 2"图层前的"指示图层可见性"按钮将其显示出来，并保持"图层 2"图层的选择状态，然后在"图层"下拉菜单中选择"创建剪贴蒙版"命令（或按Alt+Ctrl+G组合键），将"图层 2"图层与其下方的图层创建为一个剪贴蒙版组，如图7-55所示。

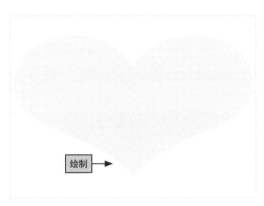

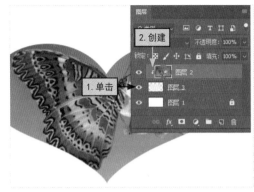

图7-54 图7-55

知识延伸 | 基底图层和剪贴图层

在剪贴蒙版中，位于最下方的图层叫基底图层，它决定了蒙版的显示形态，位于基底图层上方的图层叫作剪贴图层。其中，基底图层只有一个，而剪贴图层可以有多个。

7.3.4 快速蒙版

快速蒙版主要用于在图像窗口中快速选取需要的图像区域，以此来创建需要的选区。蒙版中进行绘制时，默认情况下以半透明红色显示，退出蒙版编辑状态后，在蒙版以外的区域将自动被创建为选区。

❶ 以快速蒙版模式编辑

在工具箱中单击"以快速蒙版模式编辑"按钮，即可进入快速蒙版状态。再次单击"以标准模式编辑"按钮，即可退出快速蒙版状态，如图7-56所示。

图7-56

② 更改快速蒙版选项

在工具箱中双击"以快速蒙版模式编辑"按钮，即可打开"快速蒙版选项"对话框。在该对话框的"色彩指示"栏中选中"所选区域"单选按钮，然后单击"确定"按钮，即可将绘制的蒙版区域创建为选区，如图7-57所示。

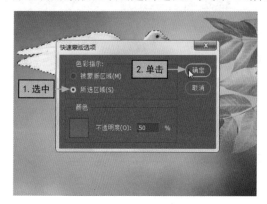

图7-57

知识延伸 | 修改快速蒙版的颜色

默认情况下，快速蒙版的颜色为红色，如果想要修改快速蒙版的颜色，则可以在"快速蒙版选项"对话框中单击颜色色块，在打开的"拾色器（快速蒙版颜色）"对话框中修改为目标颜色，单击"确定"按钮，如图7-58所示。

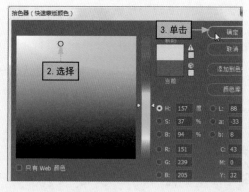

图7-58

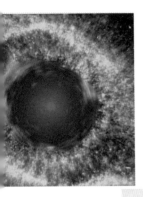

第8章

矢量工具与
路径编辑

学习目标

　　在Photoshop中，使用系统内置的图像绘制工具，可以创建出任意形态的矢量图像，包括规则的几何图形以及其他形态的图像。使用路径则可以精确地绘制和调整图像区域，使用户可以更加简便地创建及修改矢量图像，从而制作出各种精美且具有艺术效果的图像。

本章要点

　　◆　了解绘图模式
　　◆　认识路径
　　◆　认识锚点
　　◆　使用钢笔工具
　　◆　使用自由钢笔工具
　　……

LESSON 8.1　了解路径和锚点

知识级别

■初级入门 | □中级提高 | □高级拓展

知识难度　★★

学习时长　50 分钟

学习目标

① 掌握矢量工具的 3 种绘图模式。

② 掌握路径的基本概念。

③ 掌握锚点的基本概念。

※主要内容※

内　容	难　度	内　容	难　度
了解绘图模式	★	认识路径	★★
认识锚点	★★		

效果预览 > > >

8.1.1 了解绘图模式

矢量工具的绘图模式有3种，即形状、路径和像素。选择某个矢量工具后，单击工具栏中的"形状"下拉按钮，即可对绘图模式进行选择，如图8-1所示。

图8-1

1. "形状"绘图模式

"形状"绘图模式可以在单独的形状图层中创建形状，形状图层由填充图层和形状两部分组成，如图8-2所示。其中，填充区域为形状定义了颜色、图案和图层的不透明度，而形状则是一个矢量图形，同时还会出现在"路径"面板中，如图8-3所示。

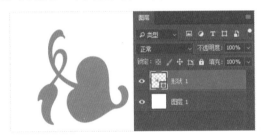

图8-2

图8-3

2. "路径"绘图模式

使用"路径"绘图模式可以创建工作路径，创建的工作路径会自动出现在"路径"面板中，如图8-4所示。可以将路径创建为矢量蒙版或转换为选区，也可对其进行填充和描边，以此创建光栅化的图像。

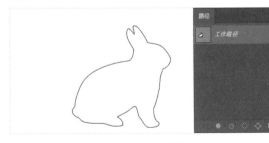

图8-4

❸ "像素" 绘图模式

　　使用"像素"绘图模式可以在当前图层上绘制栅格化的图形，而创建的图形会自动使用前景色进行填充。由于"像素"绘图模式不能创建矢量图形，所以在绘制图形后，"路径"面板中不会显示工作路径，如图8-5所示。

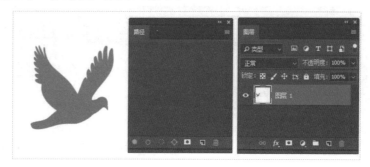

图8-5

8.1.2 认识路径

　　路径是由贝塞尔曲线构成的图形，是指使用路径绘制工具绘制的路径线段，主要是对要选择的图像区域进行精确定位和调整，特别适用于创建复杂的和不规则的图像区域。使用磁性套索工具创建路径的效果如图8-6所示，使用路径工具创建路径的效果图8-7所示。

图8-6　　　　　　　　　　　　　　　　图8-7

　　在选择矢量工具后，在工具选项栏中选择"路径"选项并绘制路径，就可以单击工具选项栏中的"选区""蒙版"或"形状"按钮，从而将路径转换为选区、矢量蒙版或形状图层。绘制的路径如图8-8所示，单击"选区"按钮后的效果如图8-9所示，单击"蒙版"按钮后的效果如图8-10所示，单击"形状"按钮后的效果如图8-11所示。

图8-8

图8-9

图8-10

图8-11

8.1.3 认识锚点

锚点是指与路径相关的点，因为路径是由直线路径段或曲线路径段组成的，而它们又是通过锚点连接，所以锚点标记着组成路径各线段的端点。

锚点分为平滑点和角点。平滑点在进行连接时，可以形成平滑的曲线，如图8-12所示；角点在进行连接时，可以形成直线，如图8-13所示。

图8-12

图8-13

LESSON 8.2 创建自由路径

知识级别

□初级入门 | ■中级提高 | □高级拓展

知识难度 ★★

学习时长 55 分钟

学习目标

① 使用钢笔工具绘制矢量图形或快速选取对象。

② 使用自由钢笔工具获得各种具有艺术效果的图像。

※主要内容※

内 容	难 度	内 容	难 度
使用钢笔工具	★★★	使用自由钢笔工具	★★

效果预览 > > >

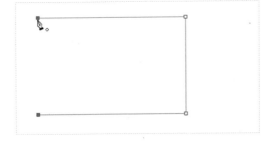

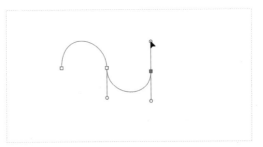

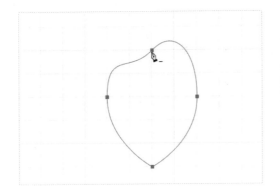

8.2.1 使用钢笔工具

在Photoshop CC中，钢笔工具是十分强大的绘图工具，不仅可以绘制矢量图形，还可以快速选取对象。在使用钢笔工具绘制对象时，可以绘制出轮廓精确、光滑的效果，而将路径转换为选区则可以更加精准地选择对象。

❶ 绘制直线

使用钢笔工具绘制直线是最常见的操作，其具体操作如下。

[知识演练] 使用钢笔工具绘制直线

步骤01 在工具箱中选择"钢笔工具"选项，在工具选项栏的绘图模式下拉列表框中选择"路径"选项，如图8-14所示。

步骤02 将鼠标光标移动到图像中，此时鼠标光标变成 形状，单击创建第一个锚点，如图8-15所示。

图8-14

图8-15

步骤03 释放鼠标，将鼠标光标移动到下一个位置处，单击创建第二个锚点，此时两个锚点会连接成一条由角点定义的直线路径，然后以相同方法创建其他锚点，如图8-16所示。

步骤04 如果要使路径闭合，则需要将鼠标光标移动到路径的起始锚点处，当鼠标光标变成 形状时，单击鼠标即可闭合路径，如图8-17所示。

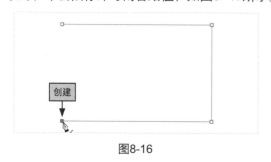

图8-16

图8-17

❷ 绘制曲线

使用钢笔工具进行绘图操作时，也经常需要绘制曲线，具体操作如下。

[知识演练] 使用钢笔工具绘制曲线

步骤01 在工具箱中选择"钢笔工具"选项，在工具选项栏的绘图模式下拉列表框中选择"路径"选项，然后在图像中按住鼠标左键并向上拖动，绘制第一个平滑点，如图8-18所示。

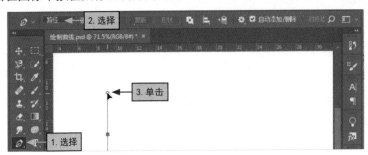

图8-18

步骤02 将鼠标光标移动到下一个位置处，按住鼠标左键并向下拖动，创建第二个平滑点，如图8-19所示。

步骤03 继续创建多个平滑点，即可生成一条流畅、平滑的曲线，如图8-20所示。

图8-19   图8-20

3. 绘制转角曲线

按下鼠标左键并拖动可以绘制直线或曲线，如果需要绘制具有转角的曲线，就需要通过改变方向线的方向并配合网格线来实现，具体操作如下。

[知识演练] 使用钢笔工具快速绘制转角曲线

步骤01 按Ctrl+'组合键快速显示出网格线，单击"编辑"菜单项，选择"首选项/常规"命令，如图8-21所示。

步骤02 打开"首选项"对话框，切换到"参考线、网格和切片"选项设置界面，在"网格"栏中设置颜色为"浅灰色"，然后单击"确定"按钮修改网格颜色，如图8-22所示。

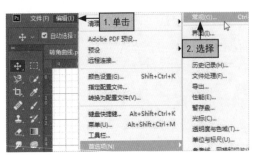

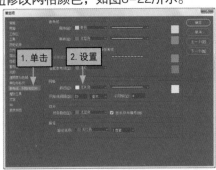

图8-21   图8-22

步骤03 选择钢笔工具，并在工具选项栏中选择"路径"选项，在图像中的网格点上按住鼠标左键并向右上方拖动，绘制第一个平滑点，如图8-23所示。

步骤04 将鼠标光标移动到下一个锚点处，按住鼠标并向下拖动，绘制第二个平滑点。将鼠标光标移动到下一个锚点处，单击鼠标创建一个角点，如图8-24所示。

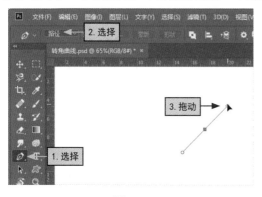
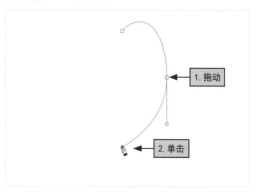

| 图8-23 | 图8-24 |

步骤05 在与第二个平滑点对称的位置，单击鼠标并向上拖动，创建出曲线，如图8-25（左）所示。将鼠标光标移动到路径的起始点，单击鼠标闭合路径，然后按Ctrl+'组合键，即可将网格线隐藏起来，如图8-25（右）所示。

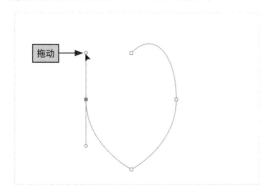
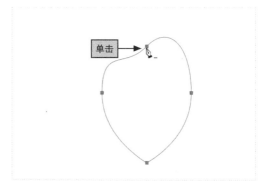

图8-25

④ 存储绘制的图像

使用钢笔工具绘制好图形后，可以将其保存到"形状"面板中，以便下次直接使用。

在菜单栏中单击"编辑"菜单项，选择"定义自定形状"命令，打开"形状名称"对话框，在"名称"文本框中输入名称，单击"确定"按钮，如图8-26所示。如果需要使用自定形状工具，则可以在工具选项栏中直接单击"形状"下拉按钮，即可查看添加的形状选项。

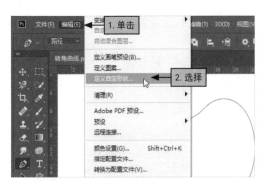

图8-26

> **知识延伸｜如何结束路径的绘制**
>
> 在一段开放式的路径绘制完成后，按Ctrl键将鼠标光标转换为直接选择工具，然后单击图像中的任意空白处或选择其他工具，即可结束该段路径的绘制。

8.2.2　使用自由钢笔工具

在图像中绘制图形时，不用事先确定锚点的位置，只需要在选择自由钢笔工具后，在图像中通过移动鼠标光标进行绘制，即可创建出路径的形态，从而获得各种具有艺术效果的图像。

使用自由钢笔工具绘制图像时，如果在工具选项栏中选中"磁性的"复选框，则可以将其转换为磁性钢笔工具。磁性钢笔工具与磁性套索工具非常相似，在使用磁性钢笔工具时，只需要在要选择的对象边缘单击鼠标，然后释放鼠标并沿着对象边缘拖动鼠标即可。Photoshop会紧贴对象边缘生成相应的路径，图像对比效果如图8-27所示。

图8-27

LESSON 8.3 路径基本操作

知识级别

□初级入门 | ■中级提高 | □高级拓展

知识难度 ★★

学习时长 60 分钟

学习目标

① 熟悉选择锚点和路径的方法。

② 掌握添加与删除锚点的方法。

③ 会更改锚点的类型。

※主要内容※

内 容	难 度	内 容	难 度
选择锚点和路径	★★	添加与删除锚点	★★
改变锚点类型	★★★		

效果预览 > > >

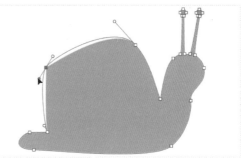

8.3.1 选择锚点和路径

如果用户需要对锚点和路径进行编辑，则需要先选择它们，而选择锚点与路径的方式不同，具体介绍如下。

● **选择锚点：**在工具箱中选择直接选择工具，单击一个锚点，即可选择该锚点。没有选择的锚点为空心方块，而选择的锚点为实心方块，如图8-28所示。

● **选择路径线段：**在工具箱中选择直接选择工具后，在路径线段上单击，可以选择相应的路径线段，如图8-29所示。

图8-28   图8-29

● **选择路径：**在工具箱中选择路径选择工具，在图像中单击路径即可选择整条路径，如图8-30（左）所示。按Ctrl+T组合键可显示所选路径的定界框，如图8-30（右）所示。

图8-30

另外，还可以同时选择路径段和锚点，按住Alt键，并在一个路径段上单击鼠标，即可选择该路径段以及路径段上所有的锚点。

8.3.2 添加与删除锚点

用户在选择路径或形状所在的图层后，可以使用添加锚点工具或删除锚点工具在路径上添加或删除锚点，以此调整路径的形态。使用添加锚点工具在路径上单击可以添加锚点，使用删除锚点工具在路径上的单击锚点则可以删除锚点。

❶ 添加锚点

在工具箱中选择添加锚点工具，将鼠标光标移动到路径中需要添加锚点的位置，单击鼠标即可在路径上添加一个锚点。

同时，路径的形态不会因为添加了锚点而发生改变，如图8-31所示。如果需要对添加的锚点进行调整，可以直接选择锚点或者控制其手柄来调整。

图8-31

❷ 删除锚点

在工具箱中选择删除锚点工具，将鼠标光标移动到路径中需要删除的锚点上，单击鼠标可以删除路径上的锚点，如图8-32所示。如果锚点删除错误，路径的形态会进行相应调整。

图8-32

8.3.3 改变锚点类型

要通过改变锚点控制路径的形态，可以通过转换点工具转换锚点的类型来达到目的。

❶ 将角点转换为平滑点

在工具箱中选择转换点工具，在直线锚点上单击，按住鼠标左键并拖动，即可将该锚点转换为带有控制手柄的曲线锚点，如图8-33所示。

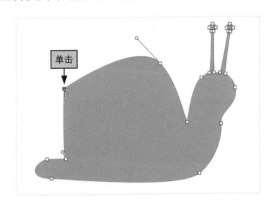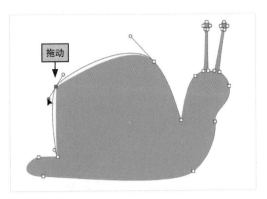

图8-33

❷ 将平滑点转换为角点

在工具箱中选择转换点工具，在曲线锚点上单击鼠标，即可以将锚点转换为带有控制手柄的直线锚点，如图8-34所示。

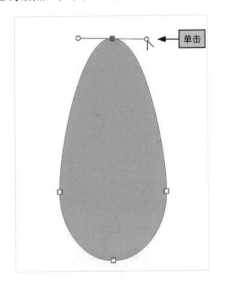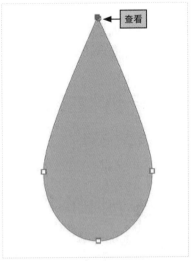

图8-34

LESSON 8.4 编辑路径

知识级别

□初级入门 | ■中级提高 | □高级拓展

知识难度 ★★★

学习时长 80 分钟

学习目标

① 了解"路径"面板具有哪些功能。
② 掌握通过历史记录填充路径的方法。
③ 掌握描边路径的方法。

※主要内容※

内 容	难 度	内 容	难 度
认识"路径"面板	★★	通过历史记录填充路径	★★★
描边路径	★★★		

效果预览 > > >

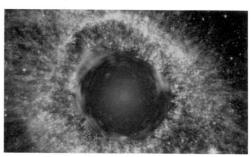

8.4.1 认识"路径"面板

　　"路径"面板用于保存和管理路径，其中显示了所有存储的路径，便于用户对路径进行选择和编辑。首先打开"路径"面板，在菜单栏中单击"窗口"菜单项，选择"路径"命令，即可打开隐藏的"路径"面板，如图8-35所示。

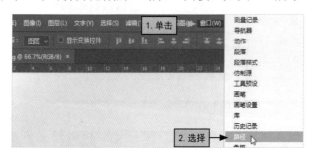

图8-35

● **将路径作为选区载入：** 在图像中创建工作路径后，可以将该路径作为选区载入。只需要在"路径"面板中单击"将路径作为选区载入"按钮，即可将路径载入选区，如图8-36所示。

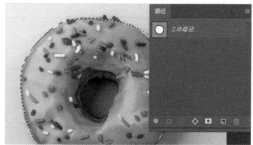

图8-36

● **从选区中生成工作路径：** 使用任意选区工具在图像中创建选区后，就可以将创建的选区转化为工作路径。使用椭圆工具在图像中创建选区，然后在"路径"面板中单击"从选区生成工作路径"按钮，从而生成工作路径，如图8-37所示。

图8-37

● **新建路径**：在"路径"面板中，可以快速创建新的工作路径，单击该面板底部的"创建新路径"按钮，即可创建一个空白的工作路径，如图8-38所示。

图8-38

● **删除路径**：在不需要某个路径时，可以将其删除。在"路径"面板中选择需要删除的工作路径，单击面板底部的"删除当前路径"按钮，在打开的提示对话框中单击"是"按钮，即可将该工作路径删除，如图8-39所示。

图8-39

8.4.2 通过历史记录填充路径

路径不仅可以使用前景色与背景色进行填充，还可以运用各种图案和历史记录进行填充。其具体操作如下。

[知识演练] 为"银河"素材添加立方体旋转效果

本节素材	◉素材\Chapter08\银河.jpg
本节效果	◉效果\Chapter08\银河.jpg

步骤01 打开"银河.jpg"素材文件，在菜单栏中选择"滤镜/模糊/径向模糊"命令（后面章节将会对滤镜进行介绍），打开"径向模糊"对话框，在"数量"文本框中输入"10"，单击"确定"按钮，如图8-40所示。

步骤02 打开"历史记录"面板，单击其底部的"创建新快照"按钮，为当前的画面状态创建一个快照，如图8-41所示。

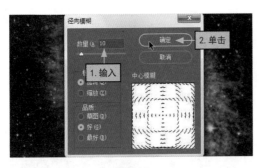

图8-40

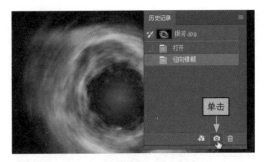

图8-41

步骤03 单击"快照1"选项前的按钮，将历史记录的源设置为"快照1"，选择"打开"选项，将图像恢复到打开时的状态，如图8-42所示。

步骤04 利用钢笔工具在图像中创建路径，打开"路径"面板，选择"工作路径"选项，然后单击面板右上角的"菜单"按钮，在打开的下拉菜单中选择"填充路径"命令，如图8-43所示。

图8-42   图8-43

步骤05 打开"填充路径"对话框，在"内容"下拉列表框中选择"历史记录"选项，设置"羽化半径"为6，然后单击"确定"按钮，如图8-44所示。

步骤06 返回到"路径"面板中，单击面板中的空白位置，隐藏图像中的路径，即可看到图像中路径被填充后的效果，如图8-45所示。

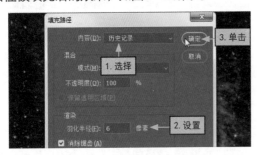

图8-44

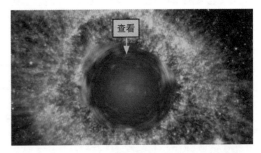

图8-45

8.4.3 描边路径

在"路径"面板中，利用"描边路径"命令可以为路径绘制边框，即沿着路径边缘创建描边效果。

在Photoshop CC中，可以通过设置画笔形态来描绘路径边缘，在"路径"面板的"工作路径"选项上单击鼠标右键，在弹出的快捷菜单中选择"描边路径"命令，打开"描边路径"对话框，对描边进行设置，单击"确定"按钮，如图8-46所示。

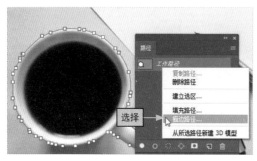

图8-46

在"描边路径"对话框的"工具"下拉列表框中，有多个工具选项，包括画笔、铅笔、橡皮擦和仿制图章等。添加画笔描边前后的对比效果如图8-47所示。

图8-47

 ## 通过描边路径制作美观的图像

本节主要介绍了路径编辑的一些基本操作，下面以用描边路径制作比较美观的图像为例，讲解对绘制路径进行描边处理的具体操作。

本节素材	◎I素材IChapter08I无
本节效果	◎I效果IChapter08I八卦.psd

步骤01 新建一个空白文档图像，在工具箱中选择自定形状工具，在工具选项栏中选择"路径"选项，单击"形状"下拉按钮，选择"阴阳符号"选项，如图8-48所示。

步骤02 按住Shift键绘制形状，选择画笔工具并打开"画笔"面板，单击其右上角的"菜单"按钮，选择"旧版画笔"命令，如图8-49所示。

图8-48

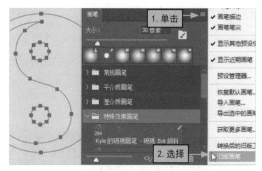

图8-49

步骤03 在"画笔"面板的"样式"栏中，选择"旧版画笔/特殊效果画笔/蝴蝶"选项，设置画笔大小为"29"，如图8-50所示。

步骤04 分别设置前景色和背景色，在"路径"面板的工作路径上单击鼠标右键，选择"描边路径"命令，如图8-51所示。

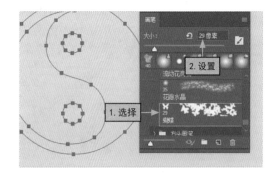

图8-50

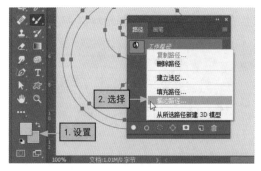

图8-51

步骤05 打开"描边路径"对话框，在"工具"下拉列表框中选择"画笔"选项，单击"确定"按钮，如图8-52所示。

步骤06 在"路径"面板中单击任意空白处，隐藏图像中的路径，即可在文档窗口中查看到使用画笔工具描边后的效果，如图8-53所示。

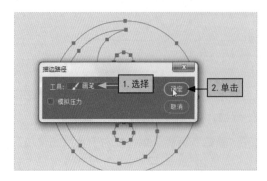

图8-52

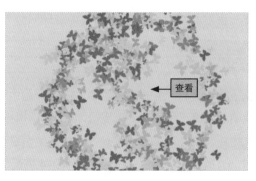

图8-53

水天上来，奔流到海不复回。
竟悲白发，朝如青丝暮成雪。
意须尽欢，莫使金樽空对月。
才必有用，千金散尽还复来。
丹丘生，将进酒，杯莫停。

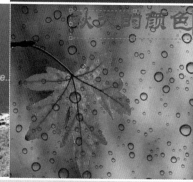

第9章

打造时尚
炫酷的文字

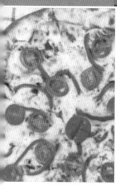

学习目标

　　在平面设计中，文字是非常重要的组成部分，它不仅可以传递图像制作者想要表达的信息，还能够美化整个版面。其中，艺术效果越强的文字越能起到美化作用。当然，不管文字想要表现出哪种艺术效果，都可以通过Photoshop CC来轻松实现。

本章要点

- ◆ 文字的类型
- ◆ 创建点文字和段落文字
- ◆ 创建路径文字
- ◆ 创建变形文字
- ◆ 认识"字符"面板

......

LESSON 9.1 认识Photoshop中的文字

知识级别

■初级入门│□中级提高│□高级拓展

知识难度 ★

学习时长 50 分钟

学习目标

① 了解文字的类型。

② 熟悉文字工具选项栏。

※主要内容※

内 容	难 度	内 容	难 度
文字的类型	★	文字工具选项栏	★★

效果预览 >>>

9.1.1 文字的类型

文字是最能直观表达图像信息的工具，在Photoshop中可以为图像添加各类文字并对其行编辑。

编辑图像时，使用文字工具不仅可以为图像添加文字，还可以为文字添加一些特殊效果。由于这些文字都是由数学方式定义的形状组成的，所以在栅格化之前，它们基于矢量的文字轮廓会被Photoshop保留下来。简单而言，用户在缩放这些文字时，不会出现锯齿状态。

Photoshop CC为用户提供了3种创建文字的方式，分别是在点上创建文字、在段落中创建文字和沿路径创建文字。同时，Photoshop CC 还为用户提供了4种文字创建工具，如图9-1所示。

使用横排文字工具和直排文字工具可以创建点文字、段落文字和路径文字；使用横排文字蒙版工具和直排文字蒙版工具可以创建文字状选区。

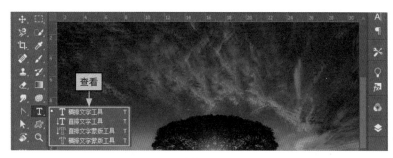

图9-1

9.1.2 文字工具选项栏

用户在使用文字工具输入文字前，首先需要在其工具选项栏或"字符"面板中对其属性进行设置，如文字字体、字符大小和文字颜色等。文字工具的工具选项栏如图9-2所示。

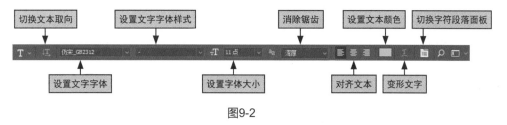

图9-2

在工具箱中选择任意文字工具后，其工具选项栏中就会出现多个选项，具体含义如下。

● **切换文本取向：** 如果当前输入的文字是横排文字，单击"切换文本取向"按钮，则可以将其转换为直排文字；如果当前文字是直排文字，单击"切换文本取向"按钮，则可以将其转换为横排文字。同时，也可以在菜单栏中选择"文字/文本排列方向"命令，然后在其子菜单中选择相应命令进行转换，如图9-3所示。

● **设置文字字体：** 在文字工具选项栏中单击"字体"下拉按钮，在打开的下拉列表中即可看到多种字体，如图9-4所示。

 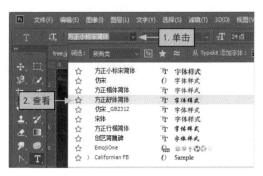

图9-3　　　　　　　　　　　　　　　　　　　　图9-4

● **设置文字字体样式：** 简单而言，文本的字体样式就是单个文字的变形方式，Photoshop CC为用户提供了多种字体样式，如Regular（规则的）、Italic（斜体）、 Bold（粗体）以及Bold Italic（粗斜体）等， 如图9-5所示。不过，不是所有的字体都可以应用所有的字体样式，字体样式只针对特定的英文字体。

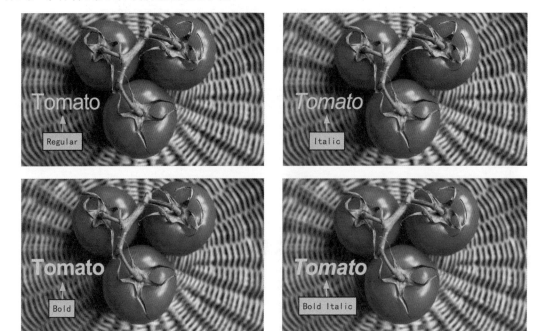

图9-5

● **设置字体大小：** 在"设置字体大小"下拉列表框中可以选择字体大小，最大可选择"72点"。如果想要将文字的字体设置为更大，可以在数值框中输入数值，按Enter键确认设置，如图9-6所示。

● **消除锯齿：** Photoshop中的文字边缘会产生硬边和锯齿，为了不使其影响文字的美观，Photoshop为文字提供了多种消除锯齿的方法，它们都是通过填充文字边缘的像素，使其混合到背景中。用户可以直接在文字工具选项栏中进行操作，也可以在"文字/消除锯齿"子菜单中选择相应命令进行操作，如图9-7所示。

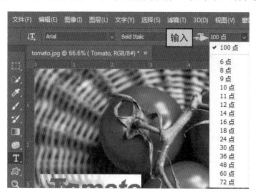

图9-6　　　　　　　　　　　　　　　　　　　　　　图9-7

● **对齐文本：** 在使用文字工具输入文字时，单击工具选项栏中的对齐方式按钮，可以将文字按相应的对齐方式进行对齐。Photoshop CC中提供的对齐方式有3种，分别是左对齐文本、居中对齐文本和右对齐文本，如图9-8所示。

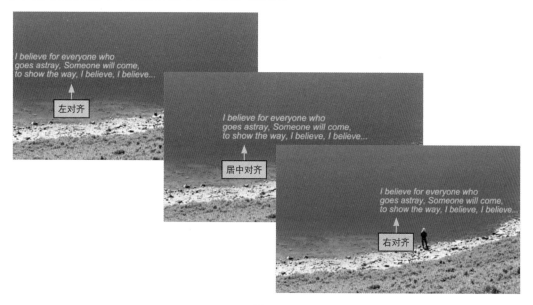

图9-8

● **设置文本颜色：** 在文字工具的工具选项栏中，单击"颜色块"按钮，打开"拾色器（文本颜色）"对话框，对文本的颜色进行自定义设置，如图9-9所示。

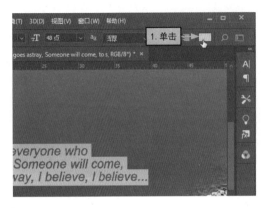

图9-9

● **创建变形文字：** 在文字工具的工具选项栏中，单击"创建变形文字"按钮，打开"变形文字"对话框，为文字添加变形样式，创建出变形文字，如图9-10所示。

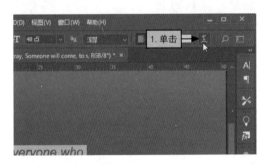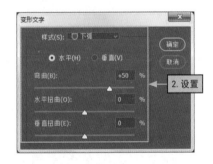

图9-10

● **切换字符和段落面板：** 在文字工具的工具选项栏中，单击"切换字符和段落面板"按钮，可以显示或隐藏"字符"面板或"段落"面板，如图9-11所示。

图9-11

LESSON 9.2 创建不同形式的文字

知识级别

□初级入门 | ■中级提高 | □高级拓展

知识难度 ★★

学习时长 60 分钟

学习目标

① 掌握点文字和段落文字的创建方法。
② 掌握路径文字的创建方法。
③ 掌握变形文字的创建方法。

※主要内容※

内　容	难　度	内　容	难　度
创建点文字和段落文字	★★	创建路径文字	★★
创建变形文字	★★★		

效果预览 > > >

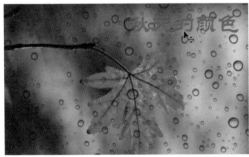

9.2.1 创建点文字和段落文字

Photoshop CC为用户提供了多种创建文字的工具，但真正要创建的文字只有两种，即点文字和段落文字，具体介绍如下。

❶. 创建点文字

点文字是指水平或者垂直的文本行，通常在处理标题、名称等字数较少的文字时，会选择使用点文字来实现。其具体操作如下。

[知识演练] 为秋叶图像创建点文字

本节素材	◎|素材|Chapter09|秋叶.jpg
本节效果	◎|效果|Chapter09|秋叶.psd

步骤01 打开"秋叶.jpg"素材文件，按Ctrl+J组合键快速复制背景图层，然后在工具箱中选择"横排文字工具"选项，如图9-12所示。

步骤02 在工具选项栏中将文字字体设置为"华文隶书"，字体大小设置为"18点"、消除锯齿设置为"浑厚"，字体颜色设置为"红色"，如图9-13所示。

图9-12　　　　　　　　　　　　　　　　图9-13

步骤03 在需要插入文字的位置单击鼠标确认文本插入点并输入相应文字，选择移动工具，将文字调整到合适的位置，如图9-14所示。

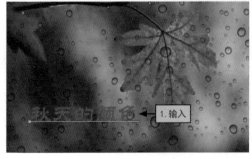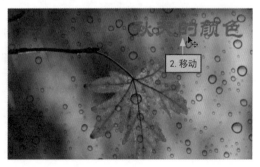

图9-14

❷ 创建段落文字

段落文字可以说是点文字的延伸，是指在定界框中输入的文字，具有自动换行和可随意调整文字区域大小等特点。当需要输入大量文字时，可以选择使用段落文字，具体操作如下。

[知识演练] 为"树"素材文件创建段落文字

本节素材	◉ 素材|Chapter09|树.jpg
本节效果	◉ 效果|Chapter09|树.psd

步骤01 打开"树.jpg"素材文件，按Ctrl+J组合键快速复制背景图层，在工具箱中选择"横排文字工具"选项，在工具选项栏中分别设置文字字体、字体样式、字体大小以及字体颜色等，如图9-15所示。

步骤02 在图像中的相应位置，按住鼠标左键并拖动鼠标，绘制出需要的定界框，如图9-16所示。

图9-15

图9-16

步骤03 释放鼠标，可以看到定界框中的文本插入点，然后在其中输入文本，此时可以看到文本会自动换行，如图9-17所示。

步骤04 继续输入文字，完成后单击工具选项栏中的"提交所有当前编辑"按钮，即可完成段落文字的创建，如图9-18所示。

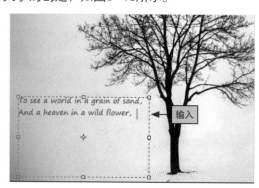

图9-17

图9-18

9.2.2 创建路径文字

使用文字工具可以创建水平或者垂直方向排列的文字，如果想要让文字的排列形式更加多样，可以借助钢笔工具绘制曲线路径，然后在路径上创建文字，从而形成路径文字。当然，改变路径形状，文字的排列方式也会随之改变。创建路径文字的具体操作如下。

[知识演练] 为玫瑰图像创建路径文字

本节素材	◎\素材\Chapter09\玫瑰.jpg
本节效果	◎\效果\Chapter09\玫瑰.psd

步骤01 打开"玫瑰.jpg"素材文件，按Ctrl+J组合键快速复制背景图层。在工具箱中选择钢笔工具，选择绘图模式为"路径"，在图像中绘制路径，如图9-19所示。

步骤02 退出路径绘制状态，在工具箱中选择横排文字工具，在工具选项栏中设置文字的字体、大小和颜色等，如图9-20所示。

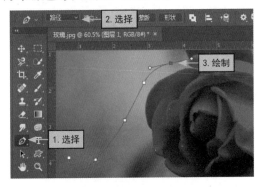

图9-19

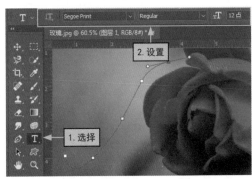

图9-20

步骤03 将鼠标光标移动到路径上，此时鼠标光标变为形状，单击鼠标，在路径上定位文本插入点，如图9-21所示。

步骤04 此时，在路径上可以看到闪烁的文本插入点，输入文字后文字即可沿着路径排列，按Ctrl+Enter组合键可结束操作，如图9-22所示。

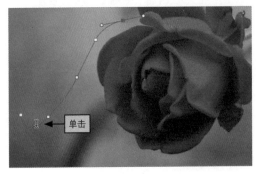

图9-21

图9-22

9.2.3 创建变形文字

变形文字是美术字体的一种，是将正常文字的局部或者整体进行加工，改变大小和外形，进行艺术再加工和创造的模式，使文字更加美观。在Photoshop CC中，通过"变形文字"对话框可以设置变形文字的样式，具体操作如下。

[知识演练] 为"下午茶"素材文件创建变形文字

本节素材	◉ I素材IChapter09I下午茶.jpg
本节效果	◉ I效果IChapter09I下午茶.psd

步骤01 打开"下午茶.jpg"素材文件，按Ctrl+J组合键快速复制背景图层。在工具箱中选择横排文字工具，并设置工具属性，然后在图像上输入文字，如图9-23所示。

步骤02 确保文字图层为选中状态，在菜单栏中单击"文字"菜单项，选择"文字变形"命令，如图9-24所示。

图9-23

图9-24

步骤03 打开"变形文字"对话框，在"样式"下拉列表中选择"波浪"选项，分别设置弯曲、水平扭曲和垂直扭曲选项，然后单击"确定"按钮，如图9-25所示。

步骤04 返回到图像窗口中，即可看到文字发生变形后的效果，如图9-26所示。

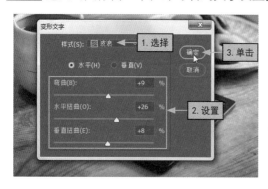

图9-25

图9-26

LESSON 9.3 格式化字符和段落

知识级别

☐初级入门 │ ■中级提高 │ ☐高级拓展

知识难度 ★★

学习时长 70 分钟

学习目标

① 掌握利用"字符"面板设置文字格式。

② 掌握利用"段落"面板设置段落格式。

③ 掌握创建段落样式的方法。

※主要内容※

内　容	难　度	内　容	难　度
认识"字符"面板	★★	认识"段落"面板	★★
创建段落样式	★★★		

效果预览 ＞＞＞

9.3.1 认识"字符"面板

通常情况下，在使用文字工具输入文字前可以利用"字符"面板设置文字的字体、大小和颜色等属性；但在文字创建完成后，也可以利用"字符"面板对文字的属性进行修改。只需要在菜单栏中单击"窗口"菜单项，选择"字符"命令即可打开"字符"面板，如图9-27所示。

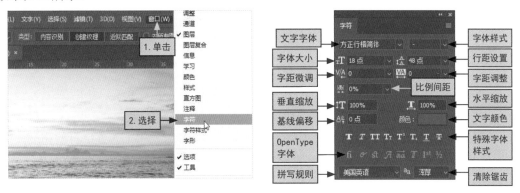

图9-27

● **行距设置：** 行距是指文本中文字行之间的垂直间距，同一段落的行与行之间可以设置不同的行距，而文字行中的最大行距决定了该行的最终行距。不同的文字行距效果如图9-28所示。

桑野就耕父，荷锄随牧童
田家占气候，共说此年丰

桑野就耕父，荷锄随牧童

田家占气候，共说此年丰

图9-28

● **字距微调：** 字距微调是指调整两个字符之间的间距，具体操作是，在需要调整的两个字符之间单击，定位文本插入点，然后在"字符"面板中对字距数值进行设置。调整前后的对比效果如图9-29所示。

君不见，
黄河之水天上来，
奔流到海不复回

君 不见，
黄河之水天上来，
奔流到海不复回

图9-29

● **字距调整：** 如果选择了部分字符，则可以对所选字符的间距进行调整，如图9-30（左）所示；如果没有选择字符，则可以对所有字符的间距进行调整，如图9-30（右）所示。

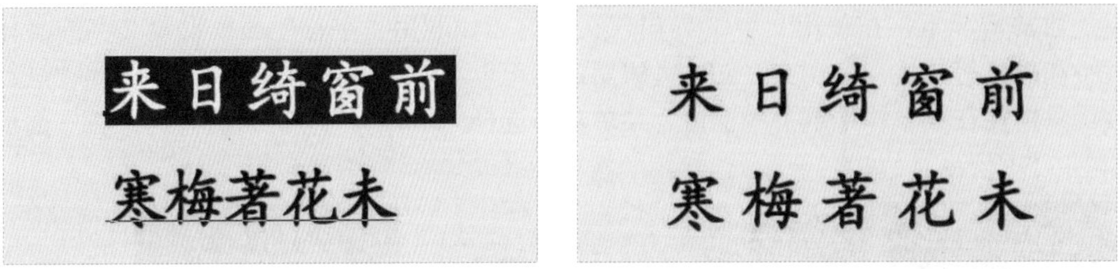

图9-30

● **比例间距：** 主要用来设置所选字符的比例间距，也就是指调节字符所在的周围空间的宽度。

● **水平缩放/垂直缩放：** 水平缩放用于调整字符的宽度，垂直缩放用于调整字符的高度。当水平缩放与垂直缩放的百分比相同时，可以使字符等比例缩放。

● **基线偏移：** 主要用来控制文字与基线之间的距离，可以升高或降低所选文字，如图9-31所示。

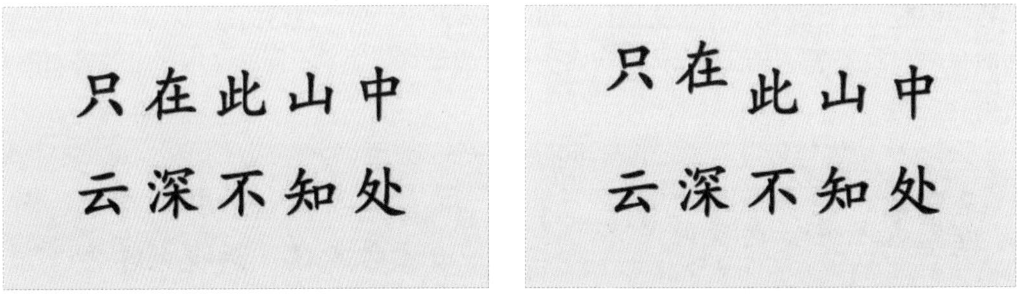

图9-31

● **OpenType字体：** 也叫Type 2字体，是一种轮廓字体，比TrueType更为强大，最明显的一个好处就是可以把PostScript字体嵌入TrueType的软件中。同时，支持多个平台与很大的字符集，并有版权保护。

● **拼写规则：** 可以对所选字符进行有关字符和拼写规则的语言设置，Photoshop可以使用语言词典检查字符连接。

9.3.2 认识"段落"面板

用户在创建好段落文字后，可以通过"段落"面板调整段落文字的对齐方式、首行缩进和左右移动等。在菜单栏中单击"窗口"菜单项，选择"段落"命令，即可打开"段落"面板，如图9-32所示。

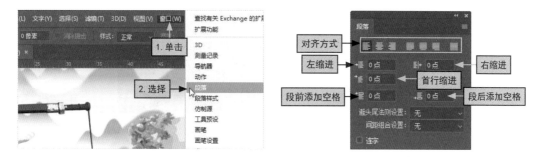

图9-32

● **对齐方式**：位于"段落"面板最上面的一排按钮用于设置段落的对齐方式，它们可以将文字与段落的某个边缘对齐。其中，左对齐文本是指文字左对齐，段落右端参差不齐；居中对齐是指文字居中对齐，段落两端参差不齐；右对齐文本是指文字右对齐，段落左侧参差不齐；最后一行左对齐是指最后一行文字左对齐，其他行文字左右两端强制对齐；最后一行居中对齐是指最后一行文字居中对齐，其他行文字左右两端强制对齐；最后一行右对齐是指最后一行文字右对齐，其他行文字左右两端强制对齐；全部对齐是指在字符间添加额外的间距，使文本左右两端强制对齐。段落左对齐如图9-33（左）所示，段落右对齐如图9-33（右）所示。

图9-33

● **缩进方式**：缩进是指文字与定界框或与包含该文字的行之间的间距量，它只影响选择的一个或多个段落，所以各段落可以设置不同的缩进量。其中，左缩进是指横排文字从段落的左边缩进，直排文字从段落的顶端缩进；右缩进是指横排文字从段落的右边缩进，直排文字从段落的底部缩进；首行缩进是指可缩进段落中的首行文字，在横排文字中首行缩进与左缩进有关，在直排文字中首行缩进与顶端缩进有关，如图9-34所示。

图9-34

● **段落间距：** 在"段落"面板中，有"段前添加空格"和"段后添加空格"两个功能按钮，它们主要用于控制所选段落的间距，设置段前添加空格为40点的效果如图9-35（左）所示，设置段后添加空格为40点的效果如图9-35（右）所示。

图9-35

9.3.3 创建段落样式

在Photoshop CC中内置有"段落样式"面板，在其中不仅可以保存段落样式，还能应用其他文字的段落样式，从而极大地提高处理图像的工作效率。其具体操作如下。

[知识演练] 利用当前的文字段落创建段落样式

本节素材	◎I素材IChapter09I水果茶宣传.psd
本节效果	◎I效果IChapter09I水果茶宣传.psd

步骤01 打开"水果茶宣传.psd"素材文件，在"图层"面板中选择段落文字的文字图层，如图9-36所示。

步骤02 在菜单栏中选择"窗口/段落样式"命令，打开"段落样式"面板，单击面板右上角的"菜单"按钮，选择"新建段落样式"命令，如图9-37所示。

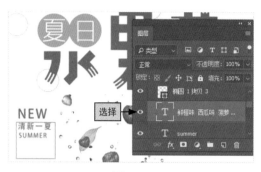

图9-36

图9-37

步骤03 要对创建的段落样式进行修改，在"段落样式"面板中双击相应段落样式选项即可，如图9-38所示。

步骤04 打开"段落样式选项"对话框，对段落样式进行修改，然后单击"确定"按钮，如图9-39所示。

图9-38

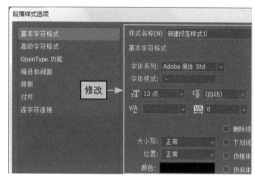

图9-39

 为餐厅菜单设置特殊的字体样式

本节主要介绍了"字符"面板、"段落"面板与"段落样式"面板的综合运用。下面通过为餐厅菜单中设置特殊的字体样式为例，讲解使用Photoshop在图像中添加具有特殊效果文字的具体应用及相关设置操作。

本节素材	◎I素材IChapter09I餐厅菜单.jpg
本节效果	◎I效果IChapter09I餐厅菜单.psd

步骤01 打开"餐厅菜单.jpg"素材文件，按Ctrl+J组合键，选择横排文字工具，然后在"字符"面板中分别设置文字的字体、大小和颜色，如图9-40所示。

步骤02 将文本插入点定位到图像中并切换到英文输入状态，按Shift+4组合键输入"¥"符号，如图9-41所示。

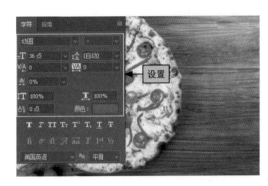

图9-40 图9-41

步骤03 继续输入其他文字，选择"$"字符，在"字符"面板中单击"上标"按钮，如图9-42所示。

步骤04 选择".00"字符，在"字符"面板中单击"上标"按钮和"下划线"按钮，如图9-43所示。

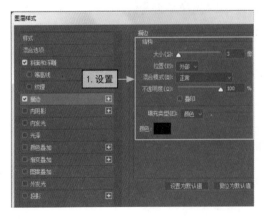

图9-42 图9-43

步骤05 在"图层"面板中双击文字图层，打开"图层样式"对话框，分别设置"描边"和"外发光"图层样式，然后单击"确定"按钮，如图9-44所示。

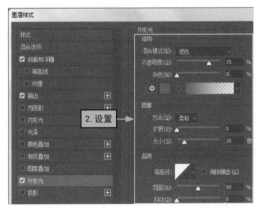

图9-44

LESSON 9.4 编辑文字

知识级别

□初级入门 ┃ □中级提高 ┃ ■高级拓展

知识难度 ★★★

学习时长 100 分钟

学习目标

① 掌握段落文字的编辑方法。
② 通过命令将点文字与段落文字进行转换。
③ 通过命令将段落文字转换为形状。
④ 掌握文字变形重置和取消的方法。
⑤ 通过命令对文字图层进行栅格化。
⑥ 对英文的拼写进行检查。

※主要内容※

内 容	难 度	内 容	难 度
对段落文字进行编辑	★★	点文字与段落文字的转换	★★★
将段落文字转换为形状	★★★	文字变形的重置和取消	★★
栅格化文字图层	★★	英文的拼写检查	

效果预览 > > >

9.4.1 对段落文字进行编辑

段落文字创建好后，如果需要对其进行修改，如添加文字、调整文字排列以及旋转文字等，都可以通过对定界框进行调整来达到编辑段落文字的目的，具体的操作如下。

[知识演练] 对"树"素材中创建好的段落文字进行编辑

本节素材	◎ 素材\Chapter09\树1.psd
本节效果	◎ 效果\Chapter09\树1.psd

步骤01 打开"树1.psd"素材文件，在"图层"面板中单击文字图层前的缩略图，进入段落文字编辑状态。此时段落文字四周会显示出定界框，将鼠标光标移动到定界框的控制点上，按住鼠标并拖动，调整定界框的大小，文字会随着定界框重新排列，如图9-45所示。

步骤02 以相同的方法拖动定界框下方的控制点，并在定界框中添加文字，如图9-46所示。

图9-45

图9-46

步骤03 将鼠标光标移动到定界框右上角的控制点外，当鼠标光标变成双向弯曲箭头时，按住鼠标左键向下拖动，即可按照一定角度旋转文字，如图9-47所示。

步骤04 在工具箱中选择移动工具，将鼠标光标移动到段落文字上，按住鼠标左键并拖动，即可调整段落文字的位置，如图9-48所示。

图9-47

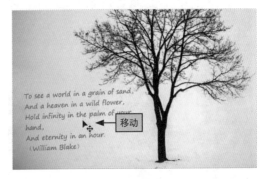

图9-48

9.4.2 点文字与段落文字的转换

点文字或段落文字创建好后，用户可以根据实际情况，将它们进行相互转换，具体介绍如下。

● **将点文字转换为段落文字：** 如果需要将文字转换为段落文字，则需要先选择点文字图层，然后在菜单栏中单击"文字"菜单项，选择"转换为段落文本"命令，如图9-49所示。

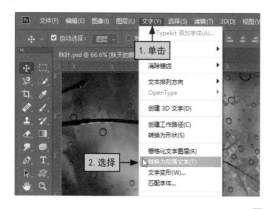
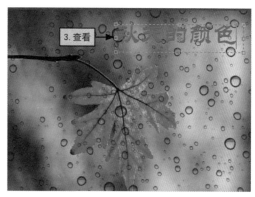

图9-49

● **将段落文字转换为点文字：** 如果要将段落文字转换为点文字，同样需要先选择段落文字图层，然后在菜单栏中单击"文字"菜单项，选择"转换为点文本"命令，如图9-50所示。

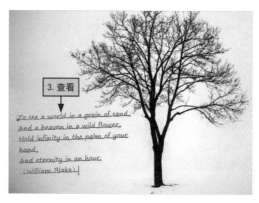

图9-50

9.4.3 将段落文字转换为形状

为了使段落文字更加有特色，用户可以将其转换为形状。不过，将段落文字转换为形状后，就无法在图层中将字符作为文本进行编辑了，具体操作如下。

选择目标文字图层，在菜单栏中单击"文字"菜单项，选择"转换为形状"命令，即可将段落文字转换为形状，如图9-51所示。

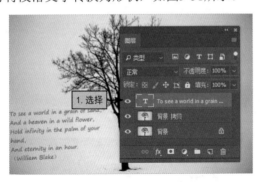 

图9-51

9.4.4 文字变形的重置和取消

对于创建了变形效果的文字而言，只要没有将其转换为形状或者对其进行栅格化，都可以对其进行重置变形或取消变形操作，具体介绍如下。

● **文字的重置变形：** 选择需要重置变形的文字图层，在菜单栏中单击"文字"菜单项，选择"变形工具"命令（或在工具选项栏中单击"变形工具"按钮），打开"变形文字"对话框，在其中修改各选项即可为文字应用另一种样式，如图9-52所示。

图9-52

● **文字的取消变形：** 如果想要取消文字的变形样式，可以通过菜单栏中的"文字/变形工具"命令打开"变形文字"对话框，在"样式"下拉列表框中选择"无"选项，单击"确定"按钮，如图9-53所示。

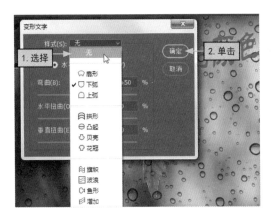 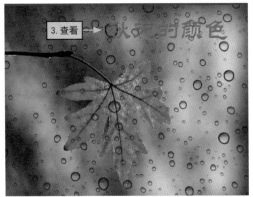

图9-53

9.4.5 栅格化文字图层

在图像中输入文字后，"图层"面板中会自动创建对应的文字图层。文字图层是一种特殊的图层，虽然可以保留文字的基本信息和属性，但是在编辑时还存在一些限制。例如，不能应用滤镜效果、不能填充渐变颜色等。

此时，最好的处理方法就是将文字图层栅格化为普通图层，这样就可以对文字进行更多的编辑与应用。具体操作是：选择需要栅格化的文字图层，在菜单栏中单击"文字"菜单项，选择"栅格化文字图层"命令，即可将文字图层转换为普通的像素图层，如图9-54所示。

图9-54

9.4.6 英文的拼写检查

使用Photoshop不仅可以在图像上编辑文字，还可以检查当前文本中的英文单词拼写是否有误，具体操作如下。

在菜单栏中单击"编辑"菜单项，选择"拼写检查"命令，即可打开"拼写检查"对话框。当系统检查到有错误时，Photoshop就会提供修改建议，用户只需要选择正确的单词，单击"更改"按钮，然后单击"完成"按钮即可，如图9-55所示。

图9-55

知识延伸 | "添加"功能按钮

如果系统自动识别的错误单词本身是正确的，可以在"拼写检查"对话框中单击"添加"按钮，将单词添加到Photoshop词典中。以后再查找该单词时，Photoshop会自动将其确认为正确的拼写形式。

第10章

神奇的Photoshop CC
滤镜

学习目标

在Photoshop CC中，滤镜主要是用来实现图像的各种特殊效果，具有非常神奇的作用。所有的滤镜在Photoshop中都按分类放置在"滤镜"下拉菜单中，如智能滤镜、特殊滤镜及外挂滤镜等，使用时只需要选择相应的命令即可。本章就来介绍如何使用这些滤镜，为图像制作出更具特色的艺术效果。

本章要点

◆ 滤镜的作用和分类
◆ 智能滤镜与普通滤镜的区别
◆ 修改智能滤镜
◆ 遮盖智能滤镜
◆ 重新排列智能滤镜
......

LESSON 10.1 初识滤镜

知识级别

■初级入门 | □中级提高 | □高级拓展

知识难度 ★

学习时长 50 分钟

学习目标

① 了解滤镜的作用和分类。

② 熟悉"滤镜"下拉菜单中的命令。

※主要内容※

内　容	难　度	内　容	难　度
滤镜的作用和分类	★	认识"滤镜"下拉菜单	★★

效果预览 > > >

10.1.1 滤镜的作用和分类

在Photoshop CC中，内置了多种滤镜，使用这些滤镜可以为图像添加各式各样的特殊效果，下面来了解滤镜的基础知识。

① 滤镜的作用

在图像处理中，滤镜起着至关重要的作用，不仅可以对图像的像素进行分析，还能进行色彩、亮度等的调整，从而控制图像部分或整体的像素参数。

滤镜既包括自适应广角、镜头校正、液化以及油画等独立滤镜，还包括风格化、模糊、扭曲以及锐化等滤镜组，如图10-1～10-4所示。

图10-1

图10-2

图10-3

图10-4

② 滤镜的分类

Photoshop CC中的滤镜主要分为两大类，即Photoshop系统自带的内部滤镜和外挂滤镜，下面分别进行介绍。

● **内部滤镜：** 内部滤镜是指集成在Photoshop CC中的滤镜，其滤镜组中的自定义滤镜具有非常强大的功能，它们允许用户根据实际需要自定义滤镜，具体操作是在菜单栏中单击"滤镜"菜单项，选择"其它/自定"命令，在打开的"自定"对话框中进行相关设置，如图10-5所示。

 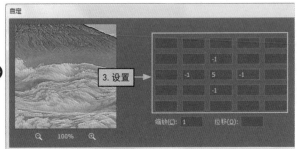

图10-5

● **外挂滤镜：** 外挂滤镜需要用户手动安装，常见的外挂滤镜有Nik Color Efex Pro、 KPT和Eye等。外挂滤镜可以制作出更多的特殊效果。使用Knoll Light Factory外挂滤镜处理前后的对比效果如图10-6所示。

图10-6

知识延伸｜使用滤镜的注意事项

通常情况下，滤镜命令只能对当前正在编辑的可见图层或图层中的选区起作用，如果用户没有创建选区，系统会自动将整个图层作为当前的选区；同时，也可对整幅图像应用滤镜。

10.1.2 认识"滤镜"下拉菜单

Photoshop CC为用户提供的所有滤镜都存放在"滤镜"下拉菜单中，其根据滤镜的属性被划分为5个部分，如图10-7所示。

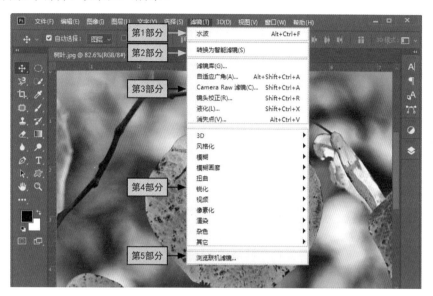

图10-7

各部分滤镜的含义如图10-8所示。

第1部分
使用"水波"命令可显示最近使用过的滤镜，当最近没有使用过的滤镜时，会呈灰色显示。

第2部分
使用"转换为智能滤镜"命令，可以将选择的图层转换为智能对象，以启用可重新编辑的智能滤镜。当图像添加滤镜后，滤镜也会变为一个层，用户通过该层可以很方便地对滤镜效果进行修改或删除。

第3部分
该部分是Photoshop CC中的独立滤镜，用户可以直接将其应用到图像中。

第4部分
该部分是Photoshop CC中的滤镜组，每个滤镜组中又包含多个滤镜子菜单命令。

第5部分
该部分是Photoshop CC中的外挂滤镜，当没有安装外挂滤镜时，该部分只显示"浏览联机滤镜"命令，选择该命令可以直接打开官网提供的外挂滤镜列表。

图10-8

LESSON 10.2 智能滤镜

知识级别

□初级入门 │ ■中级提高 │ □高级拓展

知识难度 ★★

学习时长 60 分钟

学习目标

① 了解智能滤镜与普通滤镜的区别。
② 掌握修改智能滤镜的方法。
③ 掌握遮盖智能滤镜的具体操作。
④ 掌握对智能滤镜进行重新排列的方法。

※主要内容※

内　容	难　度	内　容	难　度
智能滤镜与普通滤镜的区别	★★	修改智能滤镜	★★
遮盖智能滤镜	★★★	重新排列智能滤镜	★★★

效果预览 > > >

10.2.1 智能滤镜与普通滤镜的区别

　　智能滤镜是一种非破坏性的滤镜，应用于智能对象的所有滤镜都是智能滤镜。普通滤镜通过修改像素来呈现特效，智能滤镜虽然也能呈现相同的效果，但是不会真正改变像素。因为智能滤镜是作为图层效果出现在"图层"面板中的，可以随时调整、移去或隐藏。

　　也就是说，使用滤镜编辑图像时会修改像素，如图10-9（左）所示为原图，图10-9（右）所示为"晶格化"滤镜处理后的效果。从图像或"图层"面板中可以看到，"背景"图层的像素被修改了。如果将图像保存并关闭，则无法恢复到原来的效果。

图10-9

　　智能滤镜可以将滤镜效果应用于智能对象，而不会修改图像的原始数据。智能滤镜包含一个类似于图层样式的列表，列表中显示了使用的滤镜，只要单击智能滤镜前面的指示可见性按钮，即可将滤镜效果隐藏，如图10-10所示。

图10-10

10.2.2 修改智能滤镜

　　Photoshop的滤镜功能非常强大，但使用后就不能更改。如果智能滤镜包含可编辑设置，则可以随时修改，并修改智能滤镜的混合选项。

在"图层"面板的滤镜选项下单击"双击以编辑智能混合选项"按钮，打开"混合选项（拼贴）"对话框，分别对模式与不透明度进行设置，然后单击"确定"按钮，即可更新滤镜效果，如图10-11所示。

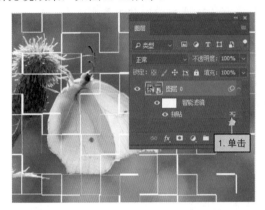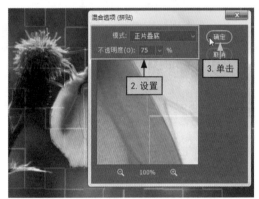

图10-11

10.2.3　遮盖智能滤镜

在Photoshop中将智能滤镜应用于某个智能对象时，"图层"面板中该智能对象下方的智能滤镜行上会显示一个空白（白色）蒙版缩览图。滤镜蒙版的工作方式与图层蒙版比较类似，因而可以对它们使用许多相同的编辑手法。与图层蒙版一样，滤镜蒙版作为 Alpha通道存储在"通道"面板中，用户可以将其边界作为选区载入。同时，也可以在滤镜蒙版上进行绘画，用黑色绘制的区域将被隐藏，用白色绘制的区域将可见，用灰度绘制的区域将以不同级别的透明度出现。

智能滤镜只包含一个图层蒙版，编辑蒙版可以有选择性地遮盖智能滤镜，使滤镜只影响图像的一部分。如果要遮盖某一处滤镜效果，可以使用黑色绘制；如果要显示某一处滤镜效果，可以使用白色绘制，如图10-12所示。

图10-12

如果要减弱滤镜效果的强度，可以使用灰色绘制，滤镜将呈现不同级别的透明度。另外，也可以使用渐变工具在图像中填充黑白渐变色，其会应被用到蒙版中，对滤镜效果进行遮盖，如图10-13所示。

图10-13

10.2.4 重新排列智能滤镜

如果一个图层应用了多个智能滤镜，则可以在智能滤镜列表中上下拖曳目标滤镜，调整它们的排列顺序，如图10-14所示。默认情况下，Photoshop会按照由下至上的顺序应用滤镜，所以重新排列智能滤镜后，图像的效果也会发生相应改变。

图10-14

LESSON 10.3 应用特殊滤镜

知识级别

□初级入门 | ■中级提高 | □高级拓展

知识难度 ★★★

学习时长 100 分钟

学习目标

① 使用滤镜库实现图像的各种特殊效果。

② 使用自适应广角滤镜处理广角镜头拍摄的照片。

③ 使用镜头校正滤镜校正图像的透视效果、边缘色差以及拍摄角度等。

④ 使用液化滤镜对图像进行扭曲变形效果处理。

⑤ 使用 Camera Raw 滤镜处理相机原始数据文件。

⑥ 使用消失点滤镜来改变平面角度、校正透视角度等。

※主要内容※

内　容	难　度	内　容	难　度
滤镜库	★	自适应广角滤镜	★★★
镜头校正滤镜	★	液化滤镜	★
Camera Raw 滤镜	★★	消失点滤镜	★

效果预览 > > >

10.3.1 滤镜库

滤镜主要用来实现图像的各种特殊效果，在"滤镜库"中整合了Photoshop中大多数具有创造性的滤镜，从而形成滤镜组，如风格化、画笔描边、扭曲和素描等滤镜组。滤镜库可以将多个滤镜应用于同一图像，也可以对同一图像多次应用同一滤镜，或者使用其他滤镜替换原有的滤镜。

在菜单栏中单击"滤镜"菜单项，选择"滤镜库"命令，打开"滤镜库"对话框，选择纹理滤镜组，其左侧是预览区，中间是6组可供选择的滤镜，右侧是参数设置区，如图10-15所示。

图10-15

知识延伸 | 滤镜组介绍

"滤镜库"对话框中共包含6组滤镜，单击一个滤镜组前的"展开"按钮，即可展开该滤镜组，选择滤镜组中的任一滤镜即可使用该滤镜。同时，右侧的参数设置区域会显示该滤镜的参数选项。

10.3.2 自适应广角滤镜

"自适应广角"滤镜可以处理广角镜头拍摄的照片，可以对镜头缩放时所产生的变形进行处理。

在菜单栏中单击"滤镜"菜单项，选择"自适应广角"命令即可打开"自适应广角"
对话框，如图10-16所示。

图10-16

在"自适应广角"对话框中可以选择校正的方式，如鱼眼、透视或自动等，并且可以
利用左侧的工具绘制校正的透视角度、区域等，从而达到调整图像广角的目的，如图10-17
所示。

图10-17

10.3.3 镜头校正滤镜

"镜头校正"滤镜可以校正图像的透视效果、边缘色差以及拍摄角度等情况。

在菜单栏中选择"滤镜/镜头校正"命令，即可打开"镜头校正"对话框，在其中可以选择"自动校正"和"自定"两种方式来设置图像。使用"自定"方式调整图像的扭曲画面效果如图10-18所示。

图10-18

10.3.4 液化滤镜

"液化"滤镜主要用于对图像进行扭曲变形，从而得到需要的液化效果。

在菜单栏中选择"滤镜/液化"命令，即可打开"液化"对话框，在其右侧可以选择各种工具，然后在图像预览框中对图像进行旋转、推、拉以及折叠等操作。使用"液化"滤镜调整人物眼睛的效果如图10-19所示。

图10-19

10.3.5 Camera Raw滤镜

Camera Raw插件是Photoshop的一个增效工具，为Adobe Bridge增添了新功能。Camera Raw为其中的每个应用程序都提供了导入和处理相机原始数据文件的功能，同时也处理JPEG和TIFF文件。

在菜单栏中选择"滤镜/Camera Raw滤镜"命令，即可打开Camera Raw对话框，在其右侧可以对图像的画面进行调整，如色温、色调以及对比度等。调整前后的对比效果如图10-20所示。

图10-20

10.3.6 | 消失点滤镜

"消失点"滤镜主要用于改变平面角度、校正透视角度等，使用该滤镜来修饰、 添加或移去图像中的内容时，效果会更加逼真。

[知识演练] 利用消失点滤镜将"模块"素材和"树"素材合并

本节素材	◉I素材IChapter10I模块.jpg、树.jpg
本节效果	◉I效果IChapter10I模块.psd

步骤01 打开"模块.jpg"和"树.jpg"素材文件，在"树.jpg"文档窗口中按Ctrl+A组合键全选图像，按Ctrl+C组合键复制图像，如图10-21所示。

步骤02 切换到"模块.jpg"文档窗口，在菜单栏中单击"滤镜"菜单项，选择"消失点"命令，如图10-22所示。

图10-21   图10-22

步骤03 打开"消失点"对话框，在对话框中默认选择"创建平面工具"选项，在"网格大小"下拉列表框中输入数值，如图10-23所示。

步骤04 将鼠标光标移动到模块的一个顶点上，单击鼠标定位这个点，然后依次在其他几个顶点上单击，绘制出一个平面，如图10-24所示。

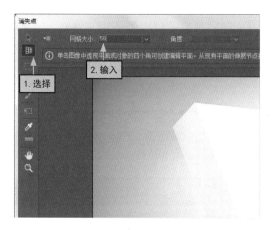

图10-23

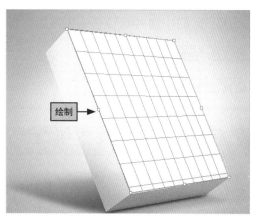

图10-24

步骤05 按Ctrl+V组合键粘贴之前复制的图像，然后按住鼠标将其拖动到创建的平面中，如图10-25所示。

步骤06 按Ctrl+T组合键进入变形状态，调整图像的大小、位置和方向，按Enter键完成操作，如图10-26所示。

图10-25

图10-26

LESSON 10.4 应用滤镜组滤镜

知识级别

□初级入门 ｜ ■中级提高 ｜ □高级拓展

知识难度 ★★

学习时长 100 分钟

学习目标

① 掌握各类滤镜组的使用方法。

※主要内容※

内 容	难 度	内 容	难 度
风格化滤镜组	★	模糊滤镜组	★★★
模糊画廊滤镜组	★★	扭曲滤镜组	★★
锐化滤镜组	★★★	视频滤镜组	★★
像素化滤镜组	★★	渲染滤镜组	★★★
杂色滤镜组	★★	其他滤镜组	★★★

效果预览 > > >

10.4.1 风格化滤镜组

风格化滤镜组中包含9种滤镜，它们可以更改图像添加质感或亮度，从而使图像的样式发生变化，模拟出一种被风吹的效果。

在菜单栏中选择"滤镜/风格化"命令，在其子菜单中可以选择查找边缘、等高线、风以及浮雕效果等滤镜命令。选择滤镜命令后，Photoshop会自动为图像应用滤镜效果，或打开相应的对话框，在其中可以手动设置滤镜效果。图像原图如图10-27所示。应用"拼贴"和"油画"滤镜后的效果如图10-28所示。

图10-27   图10-28

10.4.2 模糊滤镜组

模糊滤镜组中包含14种滤镜，它们可以将图像像素的边线设置为模糊状态，使图像产生模糊的效果。通常情况下，在突出部分图像、去除杂色或者创建特殊效果时会用到这些滤镜。

使用选框工具在图像中选择需要进行模糊处理的区域，在菜单栏中选择"滤镜/模糊"命令，在其子菜单中可以选择表面模糊、动感模糊以及方框模糊等滤镜命令。图像应用"高斯模糊"滤镜前后的效果对比如图10-29所示。

图10-29

10.4.3 模糊画廊滤镜组

在Photoshop CC中，模糊画廊滤镜组是新添加的滤镜组，包含5种滤镜。使用模糊画廊滤镜，可以通过直观的图像控件快速创建截然不同的照片模糊效果。完成模糊调整后，可以使用散景控件设置整体模糊效果的样式。另外，在使用模糊画廊效果时可提供完全尺寸的实时预览。

在菜单栏中选择"滤镜/模糊画廊"命令，在其子菜单中可以选择场景模糊、光圈模糊及移轴模糊等滤镜命令。如图10-30所示，图像应用了"光圈模糊"滤镜，根据光圈中心点位置，对光圈外的图像进行了模糊处理的效果。

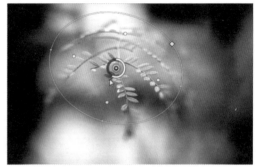

图10-30

10.4.4 扭曲滤镜组

扭曲滤镜组中包含12种滤镜，这些滤镜可以移动、扩展或缩小构成图像的像素，将原图像进行几何扭曲，从而使其出现水纹、玻璃以及球面化等效果。

在菜单栏中选择"滤镜/扭曲"命令，在其子菜单中可以选择波浪、波纹、极坐标、挤压及切变等滤镜命令。图像应用"波浪"滤镜前后的对比效果如图10-31所示。

图10-31

10.4.5 锐化滤镜组

　　锐化滤镜组中包含6种滤镜，它们可以通过增加相邻像素的对比度，使模糊的图像具有清晰的轮廓，从而达到锐化图像的目的。

　　在菜单栏中选择"滤镜/锐化"命令，在其子菜单中可以选择USM锐化、进一步锐化、锐化、锐化边缘和智能锐化等滤镜命令。图像应用"智能锐化"滤镜前后的对比效果如图10-32所示。

图10-32

10.4.6 视频滤镜组

　　视频滤镜组中包含两种滤镜，这两种滤镜都是用于控制视频工具的滤镜，可以将普通图像转换为视频设备可以接收的图像，从而解决视频图像交换时系统所存在的差异问题。

● **NTSC颜色滤镜：** "NTSC颜色"滤镜可以将色彩表现范围缩小，将某些饱和过度的图像转换为临近的图像。

● **逐行滤镜：** "逐行"滤镜可以在输出视频图像时，消除混杂型号的干扰，从而修改视频图像；同时，可以移去视频图像中的奇数或偶数行线，从而使视频捕捉到的运动图像更加平滑。打开的"逐行"对话框如图10-33所示。

图10-33

10.4.7 像素化滤镜组

像素化滤镜组中包含7种滤镜，它们可以让图像的像素效果发生很大变化，主要是将相邻颜色值中的相近像素结合成块来制作点状、马赛克以及晶状体等特殊效果。

在菜单栏中选择"滤镜/像素化"命令，在其子菜单中可以选择彩块化、彩色半调、点状化、晶格化以及马赛克等滤镜命令。例如，为图像应用"晶格化"滤镜，使图像的像素发生改变，从而产生如同晶状体的图像效果，如图10-34所示。

图10-34

10.4.8 渲染滤镜组

渲染滤镜组中包含8种滤镜，主要分为上下两部分，它们作用于图像上可以使图像产生不同程度的灯光效果、3D形状、云彩图案、折射图案和模拟光反射效果等。

在菜单栏中选择"滤镜/渲染"命令，在其子菜单中可以选择分层云彩、光照效果、镜头光晕、纤维和云彩等滤镜命令。例如，为图像应用"镜头光晕"滤镜，添加耀眼的光晕效果，使其更加漂亮，如图10-35所示。

图10-35

10.4.9 杂色滤镜组

　　杂色滤镜组中包含5种滤镜，在打印输出图像时会经常用到该滤镜组，因为它们可以删除图像中由于扫描而产生的杂点。同时，在图像中添加杂色滤镜还可以制作出怀旧的图像效果。

　　在菜单栏中选择"滤镜/杂色"命令，在其子菜单中可以选择减少杂色、蒙尘与划痕、去斑、添加杂色和中间值滤镜命令。例如，为图像应用"添加杂色"滤镜，添加杂色效果，增强旧照片的质感，如图10-36所示。

图10-36

10.4.10 其他滤镜组

　　其他滤镜组中包含6种滤镜。其中，有的滤镜可以允许用户自定义特殊滤镜效果，有的滤镜可修改蒙版，还有的滤镜可使图像中的选区发生位移或快速调整图像的颜色。

　　在菜单栏中选择"滤镜/其他"命令，在其子菜单中可以选择高反差保留、位移、自定、最大值和最小值等滤镜命令。例如，为图像应用"高反差保留"滤镜，调整图像的亮度，从而展示出图像的轮廓效果，如图10-37所示。

图10-37

LESSON 10.5 常见的外挂滤镜

知识级别
□初级入门 │ □中级提高 │ ■高级拓展

知识难度 ★★★

学习时长 50 分钟

学习目标
① 掌握安装外挂滤镜的方法。
② 熟悉常见的外挂滤镜。

※主要内容※

内　容	难　度	内　容	难　度
安装外挂滤镜	★★★	常见外挂滤镜介绍	★★

效果预览 > > >

10.5.1 安装外挂滤镜

Photoshop针对滤镜提供了一个开放式平台，用户可以将第三方开发的滤镜（外挂滤镜）以插件的形式安装到Photoshop中，从而使图像可以应用更多的滤镜特效，以创建出系统滤镜所不能制作的图像效果。

外挂滤镜的安装比安装其他程序更简单，只需要将下载的外挂滤镜安装包解压，并将其复制到Photoshop安装软件所在的文件夹中即可，具体操作如下。

[知识演练] Imagenomic滤镜的安装

步骤01 通过浏览器在网络中下载Imagenomic外挂滤镜文件并解压，在桌面上的Photoshop CC应用程序启动图标上单击鼠标右键，选择"属性"命令，如图10-38所示。

步骤02 打开"Photoshop CC 2018"属性对话框，复制"起始位置"文本框中双引号内的内容，然后关闭对话框，如图10-39所示。

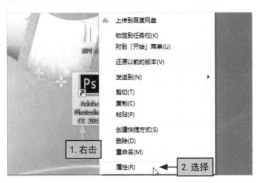

图10-38

图10-39

步骤03 进入计算机窗口，将Photoshop软件的安装地址粘贴到地址栏中，按Enter键，双击Plug-ins文件夹，如图10-40所示。

步骤04 进入Plug-ins文件夹中，将解压的Imagenomic滤镜安装文件夹复制并粘贴到该文件夹中，如图10-41所示。

图10-40

图10-41

步骤05 在Photoshop CC应用程序的菜单栏中，单击"滤镜"菜单项，在其下拉菜单中即可看到已经安装的Imagenomic滤镜组，且组中有相关的滤镜，如图10-42所示。

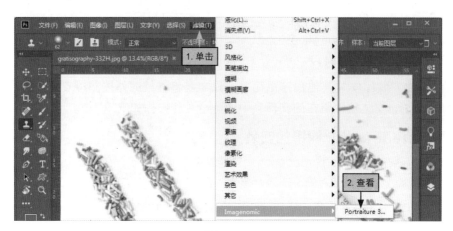

图10-42

10.5.2 常见外挂滤镜介绍

随着Photoshop的普及，网络中的各种外挂滤镜受到Photoshop爱好者的青睐，部分外挂滤镜的使用程度甚至超过了Photoshop的内部滤镜，下面就来了解一下常用的外挂滤镜。

① KPT外挂滤镜

KPT滤镜组有多个版本，每个版本都是一个滤镜组，每个滤镜组中又包含多个功能强大的滤镜，具体介绍如下。

● **KPT 3：** KPT 3滤镜组中包含19种滤镜，使用该滤镜组可以创建三维图像、制作渐变图像效果以及为图像添加杂质效果等。同时，KPT 3还可以为图像制作出各种材质效果。

● **KPT 5：** KPT 5滤镜组是继KPT 3滤镜组后推出的滤镜集合，其中包含10种滤镜，不仅可以在图像上生成多种球体、创建3D按钮，还能制作出逼真的羽毛效果等。

● **KPT 6：** KPT 6滤镜组中包含10种特效滤镜，如天空特效、投影机、均衡器、凝胶以及场景建立等。

● **KPT 7：** KPT 7滤镜组是当前KPT滤镜组中的最高版本，也是所有Photoshop外挂滤镜中最常用的。该滤镜组中包含9种滤镜，这些滤镜可以创建闪电、墨水滴、渐变以及流动等超级炫酷的特效。

2 Alien Skin Exposure外挂滤镜

Alien Skin Exposure外挂滤镜是一款模拟胶片调色的专业工具，可以作为插件应用于Photoshop中。该软件为数码照片提供胶片的曝光，还可以模仿胶片的颗粒感，通过控制胶片颗粒的分布可以准确地模拟经典胶片形式，使图像看起来就像是由人工拍摄的一样。

通常情况下，Alien Skin Exposure外挂滤镜主要用来制作照片的胶片效果，使照片呈现如电影胶片、宝丽来胶片、富士胶片以及柯达胶片等25类效果，其中包括数百种胶片效果。另外，该外挂滤镜还有冷暖色调调整、胶片负冲效果、柔光镜效果、锐化、对比度以及黑白效果等，如图10-43所示。

图10-43

3 Knoll Light Factory外挂滤镜

Knoll Light Factory是Photoshop的一款灯光工厂外挂滤镜，它可以用于添加各种炫酷的灯光效果，虽然Photoshop内置了LensFlare滤镜，但Knoll Light Factory外挂滤镜的功能更加强大。

经常看到的光线晕染、逆光小清新以及纯美日系等图像效果，大多数都可以通过Knoll Light Factory外挂滤镜来实现。另外，在使用相机进行拍摄时，很难做到较好且全面地控制光线，而利用Knoll Light Factory外挂滤镜就可以很好解决。使用Knoll Light Factory外挂滤镜调整图像前后对比的效果如图10-44所示。

图10-44

4. Alien Skin Bokeh外挂滤镜

　　Alien Skin Bokeh是一款功能强大的Photoshop外挂滤镜，可以帮助用户轻松地做出各种散景效果，包括模拟大光圈镜头、移轴及反射镜圈。

　　使用单反相机可以拍摄出背景虚化的照片，如果没有达到想要的效果就可以利用Alien Skin Bokeh外挂滤镜来进行补救，从而快速实现照片背景虚化。使用Alien Skin Bokeh外挂滤镜调整图像前后对比的效果如图10-45所示。

图10-45

5. Portraiture外挂滤镜

　　Portraiture也是Photoshop的一款外挂滤镜，主要用于为人像图片润色。Portraiture外挂滤镜可以智能地对图像中的皮肤材质、头发、眉毛以及睫毛等部位进行平滑和减少瑕点处理。

　　磨皮是人像摄影中最为基础，也是最为重要的部分。Portraiture外挂滤镜可以进行瑕疵修复，肤色矫正，特别是它的蒙版功能让用户可以合理地控制影响范围，从而更精准地调整图像。使用Portraiture外挂滤镜前后对比的效果如图10-46所示。

图10-46

第11章

Web图形处理与
自动化操作

学习目标

　　用户除了可以对图像进行普通编辑外，还可以通过Web图形处理与自动化操作编辑单个或多个图像，并利用切片工具、输出功能、"动作"面板以及"批处理"命令等，将图像输出为网页或者快速应用动作，从而获取更高级别的图像编辑效果。

本章要点

　　◆　创建切片
　　◆　选择、移动和调整切片
　　◆　组合和删除切片
　　◆　转换为用户切片
　　◆　优化图像
　　……

LESSON
11.1 创建与编辑切片

知识级别
□初级入门 | ■中级提高 | □高级拓展

知识难度 ★★

学习时长 60 分钟

学习目标
① 使用切片工具创建切片。
② 通过切片选择工具对切片进行选择、移动和调整。
③ 掌握组合和删除切片的具体方法。
④ 将创建的切片转换为用户切片。

※主要内容※

内 容	难 度	内 容	难 度
创建切片	★★	选择、移动与调整切片	★★★
组合与删除切片	★★	转换为用户切片	★★★

效果预览 > > >

11.1.1 创建切片

在Photoshop CC中，可以使用切片工具来定义图像的指定区域，这些指定区域可以用于模拟动画或其他图像效果。切片是指图像的一块矩形区域，可用于在Web页面中创建链接、动画或翻转。用户要想利用切片来完成相应工作，可以使用切片工具来创建切片，具体操作如下。

[知识演练] 使用切片工具为图像创建切片

本节素材	◎l素材lChapter11l蘑菇.jpg
本节效果	◎l效果lChapter11l蘑菇.psd

步骤01 打开"蘑菇.jpg"素材文件，按Ctrl+J组合键复制图层，在工具箱的裁剪工具组中单击鼠标右键，选择"切片工具"选项，如图11-1所示。

步骤02 在图像中按住鼠标左键拖动，选择目标图像区域，释放鼠标即可创建切片，如图11-2所示。

图11-1

图11-2

知识延伸 | 切片的分类

在Photoshop CC中，切片的类型主要分为3种，即用户切片、基于图层的切片和自动切片，具体介绍如图11-3所示。

用户切片

用户切片是指用户使用切片工具创建出来的切片。

基于图层的切片

基于图层的切片是指通过图层创建的切片。

自动切片

创建新的用户切片或者基于图层的切片时，会生成占据图像其余区域的附加切片，这就是自动切片。

图11-3

11.1.2 选择、移动和调整切片

切片创建完成后，如果用户对其不满意，可以通过切片选择工具对切片进行选择、移动和调整，具体操作如下。

[知识演练] 使用切片工具对创建的切片进行编辑

本节素材	◎I素材IChapter11I帆船.psd
本节效果	◎I效果IChapter11I帆船.psd

步骤01 打开"帆船.psd"素材文件，在工具箱的裁剪工具组中右击，选择"切片选择工具"选项，如图11-4所示。

步骤02 在图像中单击一个切片，将其选中（按住Shift键的同时单击其他切片，可以选择多个切片），如图11-5所示。

图11-4   图11-5

步骤03 将鼠标光标移动到切片定界框的控制点上，按住鼠标左键并拖动，调整切片的大小，如图11-6所示。

步骤04 将鼠标光标置于切片定界框中，按住鼠标左键并拖动，鼠标可移动切片的位置（若按住Shift键，可以控制切片垂直、水平或在45°对角线上移动），如图11-7所示。

图11-6   图11-7

11.1.3 组合和删除切片

在Photoshop CC中，用户可以根据实际需要将两个或多个切片组合到一起，也可以将多余的切片删除。

● **组合切片：** 使用切片选择工具同时选择两个或多个切片，然后在所选的任一切片上单击鼠标右键，在弹出的快捷菜单中选择"组合切片"命令，即可将所选切片组合成一个切片，如图11-8所示。

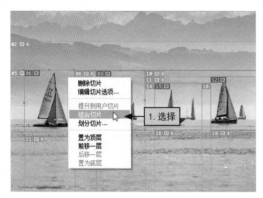

图11-8

● **删除切片：** 使用切片选择工具同时选择两个或多个切片，按Delete键可直接将其删除。如果要删除所有切片或基于图层创建的切片，则在菜单栏中单击"视图"菜单项，选择清除切片"命令来实现，如图11-9所示。

图11-9

11.1.4 转换为用户切片

由于基于图层创建的切片与图层的像素有关，所以要想对这样的图层进行操作，就需要先将其转换为用户切片。通常情况下，创建用户切片时都会产生自动切片，而所有的自动切片会链接在一起共享相同的优化设置。如果需要对它们进行单独设置，就需要先将其转换为用户切片。

如果用户想要将基于图层创建的切片或自动切片转换为用户切片，则可以使用切片选择工具选择需要转换的目标切片，然后在工具选项栏中单击"提升"按钮来实现。将自动切片转换为用户切片的效果如图11-10所示。

图11-10

知识延伸｜锁定切片

如果想要锁定切片，可以先选择目标切片，然后在菜单栏中单击"视图"菜单项，选择"锁定切片"命令。被锁定的切片，将不能进行移动、调整或组合等操作，如图11-11所示。

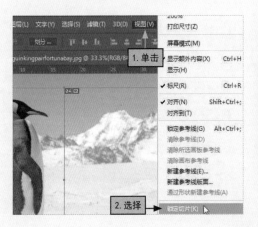

图11-11

LESSON 11.2 Web图形优化与输出

知识级别

□初级入门 | ■中级提高 | □高级拓展

知识难度 ★★

学习时长 50 分钟

学习目标

① 掌握图像优化的具体操作。

② 通过"存储为 Web 所用格式"对话框对 Web 图像进行输出设置。

※主要内容※

内　容	难　度	内　容	难　度
优化图像	★★★	Web 图像输出设置	★★

效果预览 > > >

11.2.1 优化图像

创建切片后，还需要对图像进行优化，以减小图像文件的尺寸。在Web上发布图像时，较小的文件可以更快地被下载。在Photoshop中优化图像的具体操作如下。

在菜单栏中选择"文件/导出/存储为Web所用格式"命令，打开"存储为Web所用格式"对话框，即可对图像进行优化和输出，如图11-12所示。

图11-12

- **工具：** 在"存储为Web所用格式"对话框的工具栏中有6种工具，分别是抓手工具、切片选择工具、缩放工具、吸管工具、吸管颜色和切换切片可见性工具。其中，抓手工具可以移动查看图像；图像中包含多个切片时，可以使用切片选择工具选择窗口中的切片，以便对其进行优化；使用缩放工具单击，可以放大图像的显示比例，按住Alt键的同时单击鼠标可以缩小图像的显示比例；使用吸管工具在图像上单击，可以拾取单击点的颜色，并显示在吸管颜色图标中；单击切换切片可见性工具可以显示或隐藏切片的定界框。

- **显示选项：** 显示选项中有4个标签，"原稿"标签表示窗口中显示的是没有优化的图像；"优化"标签表示窗口中显示的是优化过的图像；"双联"标签表示窗口中并排显示

图像的两个版本，即优化前与优化后的图像；"四联"标签表示窗口中并排显示图像的4
个版本，即显示除原稿外的其他3个可以进行不同优化的图像，每个图像下面都提供了优
化信息，可以通过对比来选择最佳优化方案，如图11-13所示。

图11-13

● **状态栏：** 在状态栏中显示的是鼠标光标当前所在位置图像的相关信息，如颜色值、缩放
比例等。

● **在浏览器中预览优化的图像：** 单击"浏览"按钮，可在预设的Web浏览器中浏览优化
后的图像。在浏览器中会列出图像的相关信息，如文件类型、文件大小等，如图11-14
所示。

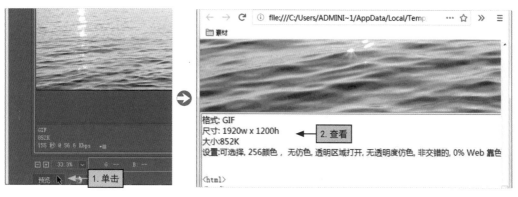

图11-14

● **优化的文件格式：**在"优化的文件格式"下拉菜单中有5种文件格式，每种文件格式都有相应的参数，通过设置参数优化图像。

● **颜色表：**颜色表中包含许多与颜色有关的命令，如新增颜色、删除颜色等。将图像设置为GIF、PNG-8和WBMP格式时，可以在颜色表中对图像颜色进行优化设置。

11.2.2 Web图像输出设置

Web图像优化完成后，即可在"存储为Web所用格式"对话框中对Web图像的输出进行设置。

在打开"存储为Web所用格式"对话框中，单击"优化菜单"下拉按钮，选择"编辑输出设置"命令，打开"输出设置"对话框，在其中设置相应参数，然后单击"确定"按钮，如图11-15所示。

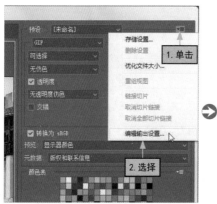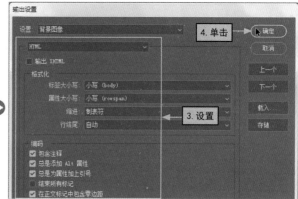

图11-15

知识延伸｜自定义输出选项

在"输出设置"对话框中，单击"输出选项"下拉按钮，在打开的下拉列表中选择HTML"切片""背景"或"存储文件"选项，对话框中即显示相应选项的详细设置内容，如图11-16所示。

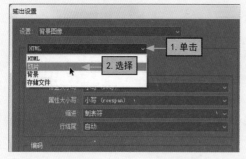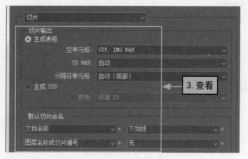

图11-16

LESSON 11.3 自动处理文件

知识级别

□初级入门 | ■中级提高 | □高级拓展

知识难度 ★★

学习时长 80 分钟

学习目标

① 了解"动作"面板的具体功能。

② 选择系统预设动作为图像应用动作效果。

③ 在"动作"面板中将给常使用的编辑操作步骤记录为新的动作。

※主要内容※

内　容	难　度	内　容	难　度
认识"动作"面板	★★	选择系统预设动作	★★★
记录新动作	★★★		

效果预览 > > >

11.3.1 认识"动作"面板

在Photoshop CC中，"动作"具有自动处理图像的能力，通过"动作"面板可以直接对动作进行管理和应用。Photoshop中的所有动作都存储在"动作"面板上，使用"动作"面板可以创建、播放、修改和删除动作，所有动作在面板中都以动作组的形式进行归类。在"动作"面板上选择并播放动作，能将相应动作的操作步骤应用到图像中，从而完成自动化操作。

❶ 查看并选择动作

在菜单栏中选择"窗口/动作"命令，打开"动作"面板，可以看到名为"默认动作"的动作组，单击名称前面的三角按钮，可以展开该组中的所有动作。选择一个动作，单击其名称前的三角按钮，在展开的内容中可以查看该动作的具体操作内容，如图11-17所示。

图11-17

❷ 播放动作

在"动作"面板中选择动作后，单击面板底部的"播放动作"按钮，即可自动执行动作的操作内容。如图11-18所示。

图11-18

知识延伸 | "动作"面板介绍

"动作"面板中包含多个功能按钮，如切换项目开/关、切换对话开/关以及开始记录等，具体介绍如图11-19所示。

切换项目开/关 ✓

如果动作组、动作和命令前显示有"切换项目开/关"图标，则表示这个动作组、动作或命令可以执行；反之，则表示该动作组、动作或命令不能被执行。

切换对话开/关 ▣

如果命令前显示"切换对话开/关"图标，表示动作执行到该命令时会暂停，并打开对应的命令对话框；如果动作组或动作前显示"切换对话开/关"图标，则表示该动作中有部分命令设置了暂停。

动作组/动作/命令

动作组是一系列动作的集合，动作是一系列命令的集合。单击命令前的"播放选定的动作"按钮可展开命令列表，显示命令的具体参数。

创建新组 ▢

单击该按钮，可以创建一个新的动作组，以保存新建的动作。

停止播放/记录 ▣

单击该按钮可停止播放动作和记录动作。

开始记录 ○

单击该按钮，可以对动作进行录制。

创建新动作 ▣

单击该按钮，可以创建一个新动作。

删除 🗑

选择动作组、动作或命令后，单击"删除"按钮，可以将其删除。

图11-19

11.3.2 选择系统预设动作

在"动作"面板中默认有9种预设动作，为了让图像应用更多的动作效果，用户可选择系统预设的动作。选择需要的预设动作后会直接显示在"动作"面板中，单击"播放"按钮可将其应用到图像中。在"动作"面板中单击"展开"按钮，在展开的列表中可以看到各种预设动作组。例如，在"动作"面板右上角单击"菜单"按钮，选择"流星"选项，即可将"流星"动作组显示在"动作"面板中，如图11-20所示。

图11-20

11.3.3 记录新动作

在"动作"面板中，不仅可以直接使其预设的动作，还可以将经常使用的编辑操作步骤记录为新的动作。不过，在记录新动作之前，首先需要选择一个动作组或创建一个新的动作组，然后利用创建动作功能创建一个新的动作，这样就可以记录图像的操作过程。

❶ 新建动作组

在"动作"面板的底部单击"创建新组"按钮，在打开的"新建组"对话框中输入新组的名称，单击"确定"按钮，即可创建一个新的动作组，如图11-21所示。

图11-21

❷ 新建并记录动作

在"动作"面板的底部单击"创建新动作"按钮，在打开的"新建动作"对话框中设置该动作的名称、组、功能键以及颜色，然后单击"记录"按钮，如图11-22所示。新建动作后，即可开始记录对图像的所有操作。

图11-22

录制用于处理照片的动作

本节主要介绍了自动处理文件的相关操作，下面以录制处理照片的动作为例，讲解录制处理照片效果的动作并为其他照片应用这个动作的具体应用及相关设置操作。

本节素材	◎｜素材｜Chapter11｜夕阳1.jpg
本节效果	◎｜效果｜Chapter11｜夕阳1.jpg

步骤01 打开"夕阳1.jpg"素材文件，然后打开"动作"面板，在底部单击"创建新组"按钮，如图11-23所示。

步骤02 打开"新建组"对话框，在"名称"文本框中输入"反冲动作"，单击"确定"按钮，如图11-24所示。

图11-23　　　　　　　　　　　图11-24

步骤03 返回到文档窗口，然后在"动作"面板底部单击"创建新动作"按钮，如图11-25所示。

步骤04 打开"新建动作"对话框，输入动作名称，设置颜色为"红色"，单击"记录"按钮，如图11-26所示。

图11-25　　　　　　　　　　　图11-26

步骤05 返回到文档窗口中，可以看到"动作"按钮进入录制状态，如图11-27所示。

步骤06 按Ctrl+M组合键打开"曲线"对话框，单击"预设"下拉按钮，选择"反冲"选项，如图11-28所示。

图11-27　　　　　　　　　　　　　　　　图11-28

步骤07 按Enter键关闭对话框，返回到文档窗口，可以查看图像应用曲线后的效果。该操作在"动作"面板中被记录为动作，如图11-29所示。

步骤08 按Shift+Ctrl+S组合键，将图像另存，然后关闭文档窗口。在"动作"面板中单击"停止播放/记录"按钮，完成动作的录制，如图11-30所示。

图11-29　　　　　　　　　　　　　　　　图11-30

步骤09 打开需要应用动作的图像，在"动作"面板中选择"调整 曲线"选项，单击底部的"播放"按钮，如图11-31所示。

步骤10 此时，系统会自动为图像进行动作处理，如图11-32所示。

图11-31　　　　　　　　　　　　　　　　图11-32

LESSON 11.4 自动化处理大量文件

知识级别

□初级入门 | □中级提高 | ■高级拓展

知识难度 ★★★

学习时长 50 分钟

学习目标

① 通过"批处理"命令对图像文件进行批处理。
② 通过"创建快捷批处理"命令创建快捷批处理。

※主要内容※

内　容	难　度	内　容	难　度
批处理图像文件	★★	创建和应用快捷批处理	★★★

效果预览 > > >

11.4.1 批处理图像文件

在Photoshop CC中，使用"批处理"命令可以对一个文件夹中的所有图像文件应用某个指定动作，也可以对多个文件进行自动化处理。在进行批处理之前，需要将所有的图像文件保存到一个文件夹中，具体操作如下。

[知识演练] 为多个图像文件应用指定的动作

本节素材	◉I素材IChapter11I古建筑
本节效果	◉I效果IChapter11I古建筑

步骤01 打开"动作"面板，单击右上角的"菜单"按钮，选择"流星"选项，如图11-33所示。

步骤02 在菜单栏中选择"文件/自动/批处理"命令，打开"批处理"对话框，在"组"下拉列表框中选择"流星"选项，然后单击"选择"按钮，如图11-34所示。

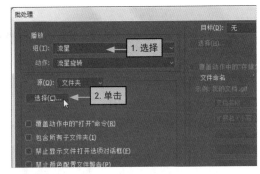

图11-33   图11-34

步骤03 打开"选取批处理文件夹"对话框，在其中选择需要打开的目标文件夹，单击"选择文件夹"按钮，如图11-35所示。

步骤04 返回到"批处理"对话框，在"目标"下拉列表框中选择"文件夹"选项，然后单击"选择"按钮，如图11-36所示。

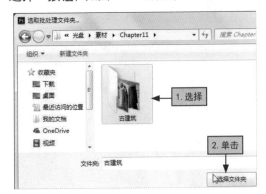
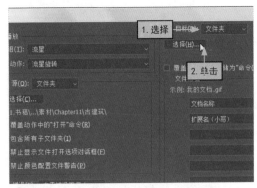

图11-35   图11-36

步骤05 在打开的"浏览文件夹"对话框中，选择处理后的文件需要保存的位置，确认后返 回到"批处理"对话框中，按Enter键退出对话框，如图11-37所示。

步骤06 返回到Photoshop主界面中，可以看到Photoshop自动依次打开文件夹中的图像，并为其应用"流星"动作组中的动作，如图11-38所示。

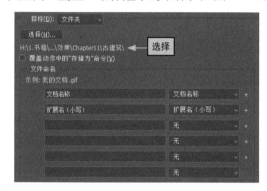

图11-37   图11-38

知识延伸 | "批处理"对话框中的主要选项介绍

在"批处理"对话框中有多个选项，其含义如图11-39所示。

"源"下拉列表

在"源"下拉列表中可以指定需要处理的文件。选择"文件夹"选项并单击"选择"按钮，在打开的对话框中选择一个文件夹，对该文件夹中的所有文件进行批处理；选择"导入"选项，可以对来自数码相机、扫描仪或PDF文件的图像进行处理；选择"打开的文件"选项，可以对当前打开的所有文件进行处理；选择Bridge选项，可以对Adobe Bridge中选定的文件进行处理。

"覆盖动作中的'打开'命令"复选框

在进行批处理时，选中该复选框后可以忽略动作中记录的"打开"命令。

"包含所有子文件"复选框

在进行批处理时，选中该复选框后可以将批处理应用到所选文件夹中包含的子文件夹。

"禁止显示文件打开选项对话框"复选框

在进行批处理时，选中该复选框后不会打开文件选项对话框。

"禁止颜色配置文件警告"复选框

在进行批处理时，选中该复选框后可以关闭颜色方案信息的显示。

图11-39

11.4.2 创建和应用快捷批处理

快捷批处理是Photoshop中的一种批处理快捷方式，只需要通过"创建快捷批处理"命令即可创建一个与应用方式类似的快捷方式，并将其存放在指定位置。如果需要为图像应用动作，则可以直接将图像或图像文件夹拖动到批处理快捷方式的图标上，从而实现快速自动化批处理。

- **创建快捷批处理：** 在菜单栏中选择"文件/自动/创建快捷批处理"命令，在打开的"创建快捷批处理"对话框中设置快捷批处理的存储位置，并选择处理动作等，确认设置后即可在快捷批处理的存储位置看到相应的图标，如图11-40所示。

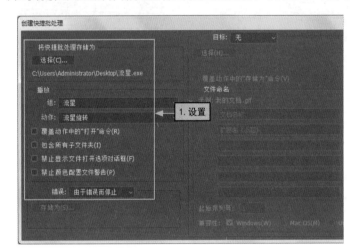

图11-40

- **应用快捷批处理：** 将需要处理的图像直接拖动到快捷批处理图标上，Photoshop就会自动打开该图像，并快速为其应用快捷批处理中的动作，如图11-41所示。

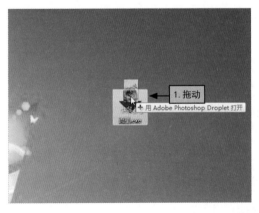

图11-41

第12章

视频与
动画处理

学习目标

在Photoshop CC中，不仅可以对静态的图像进行编辑和处理，还能对动态的图像进行编辑和处理。对动态图像进行操作就是对各个帧进行操作，同样可以编辑绘图、使用蒙版、变换图形以及应用滤镜等。

本章要点

- ◆ 创建视频文件与视频图层
- ◆ 打开与导入视频
- ◆ 校正视频中像素的长宽
- ◆ 认识视频的"时间轴"面板
- ◆ 获取视频中的静帧图像

......

LESSON 12.1 视频文件的基本操作

知识级别

□初级入门 ｜ ■中级提高 ｜ □高级拓展

知识难度 ★★

学习时长 80 分钟

学习目标

① 掌握创建视频文件与视频图层的具体方法。

② 通过命令打开与导入视频。

③ 对视频中像素的长宽进行校正。

※主要内容※

内　容	难　度	内　容	难　度
创建视频文件与视频图层	★★	打开与导入视频	★★★
校正视频中像素的长宽	★★		

效果预览 > > >

12.1.1 创建视频文件与视频图层

在Photoshop CC中，如果需要创建视频，首先需要创建一个空白视频文件或者空白视频图层，具体介绍如下。

❶ 创建空白视频文件

在Photoshop主界面中单击"新建"按钮（或在菜单栏中选择"文件/新建"命令），打开"新建文档"对话框，单击"胶片和视频"选项卡，在"空白文档预设"列表中选择一个合适的视频大小，输入视频文件的名称，然后单击"创建"按钮，如图12-1所示。

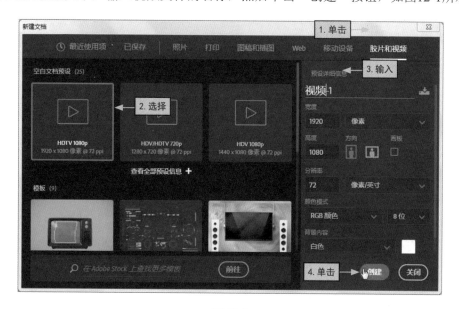

图12-1

知识延伸 | 动作安全区域与标题安全区域

在创建的空白视频文件中，自动带有两组参考线。其中，外矩形参考线是动作安全区域，内矩形参考线是标题安全区域。由于大多数视频显示器都有一个图像外边缘的切除过程，称为"过扫描"，所以视频画面中的重要细节最好包含在动作安全区域内。若要保证视频画面中的文字清晰，那么就需要将其放在标题安全区域内。

❷ 创建空白视频图层

打开一个图像或视频文件，在菜单栏中单击"图层"菜单项，选择"视频图层/新建空白视频图层"命令，如图12-2所示。

图12-2

12.1.2 打开与导入视频

处理视频图像需要先打开或者导入视频，这与打开或导入图像类似，具体介绍如下。

❶ 打开视频文件

在Photoshop主界面中单击"打开"按钮（或在菜单栏中选择"文件/打开"命令），打开"打开"对话框，选择目标视频文件，单击"打开"按钮，如图12-3所示。

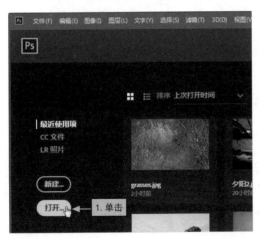
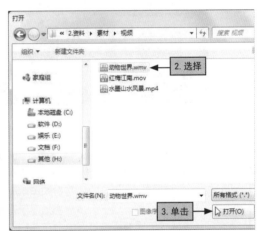

图12-3

> **知识延伸 | Photoshop支持的视频格式**
>
> Photoshop的主要功能就是对图像进行处理，而对视频进行处理只是其辅助功能。因此，Photoshop所支持的视频格式有限，主要有264、3GP、3GPP、AAC、AVC、AVI、F4V、FLV、M4V、MOV、MP4、MPE以及MPEG等。

❷导入视频文件

如果在Photoshop中已经创建或打开了一个图像文件，则可以在菜单栏中选择"图层/
视频图层/从文件新建视频图层"命令，在打开的"打开"对话框中选择目标视频文件，单
击"打开"按钮，将视频文件导入当前的图像，如图12-4所示。

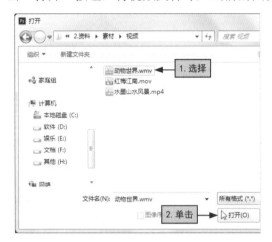

图12-4

知识延伸 | 播放视频图像出现扫面线的解决方法

由于某些视频文件采用隔行扫描的方式来实现流畅播放，因此播放的视频图像中可能会出现扫描
线，此时可以通过"逐行"滤镜对该情况进行处理。

12.1.3 校正视频中像素的长宽

通常情况下，电脑显示器中的图像像素都是用方形进行显示的，而视频编码设备是以
其他形式显示像素的。此时可能会由于两者之间的像素差异，致使视频图像发生变形，如
图12-5（左）所示。如果想要解决这个问题，可以通过"视图/像素长宽比校正"命令来对
视频画面进行校对，如图12-5（右）所示。

图12-5

LESSON 12.2 在Photoshop中编辑视频

知识级别

□初级入门 │ ■中级提高 │ □高级拓展

知识难度 ★★★

学习时长 60分钟

学习目标

① 认识视频的"时间轴"面板。

② 通过命令获取视频中的静帧图像。

③ 对空白视频帧进行简单的编辑。

④ 通过命令对视频进行渲染。

※主要内容※

内　容	难　度	内　容	难　度
认识视频的"时间轴"面板	★	获取视频中的静帧图像	★★★
空白视频帧的简单编辑	★★★	对视频进行渲染	★★★

效果预览 > > >

12.2.1 认识视频的"时间轴"面板

创建或打开视频文件后，在菜单栏中选择"窗口/时间轴"命令，打开"时间轴"面板，可以看到视频的播放时间，使用底部面板可以放大或缩小时间轴、添加音频以及渲染视频等，如图12-6所示。

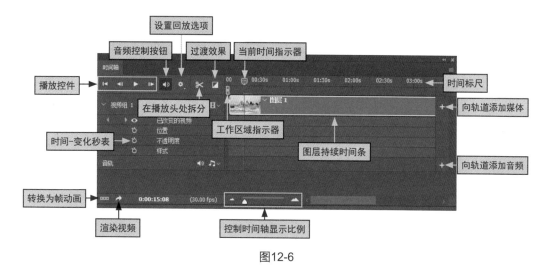

图12-6

- **播放控件：** "时间轴"面板提供了用于控制视频播放的按钮，包括转到第一帧、转到上一帧、播放和转到下一帧。

- **设置回放选项：** 单击该按钮，在打开的列表中可以对分辨率或循环播放进行设置。

- **音频控制按钮：** 单击该按钮，可以关闭或开启音频播放。

- **在播放头处拆分：** 单击该按钮，可以在当前时间指示器所在的位置对视频或音频进行拆分。

- **过渡效果：** 单击该按钮，在打开的下拉菜单中选择相应的选项，可为视频添加过渡效果，从而创建出专业的淡化或交叉淡化效果。

- **当前时间指示器：** 拖动当前时间指示器可以导航帧或更改当前时间或帧。

- **时间标尺：** 根据视频文件的持续时间和帧速率，水平测量视频文件的持续时间。

- **工作区域指示器：** 如果需要预览或者导出部分视频文件，可以拖动位于顶部轨道两端的标签进行定位。

- **图层持续时间条：** 该功能可以指定图层在视频中的时间位置，如果要将图层移动到其他时间位置，可以拖动图层持续时间条。

- **向轨道添加媒体：** 单击该按钮，可以打开一个对话框将频添加到轨道中。

- **时间-变化秒表：** 单击该按钮，可以启用或停用图层属性的关键帧设置。

- **转换为帧动画：** 单击该按钮，可以将"时间轴"面板切换为帧动画模式。

- **渲染视频：** 单击该按钮，可以打开"渲染视频"对话框，从而对视频进行渲染。

- **控制时间轴显示比例：** 单击"缩小时间轴"按钮，可以缩小时间轴；单击"放大时间轴"按钮，可以放大时间轴；拖动中间的滑块，可以自由调整时间轴的大小。

12.2.2 获取视频中的静帧图像

所谓的静帧图像，是指将每一帧保存为一张静帧图片，可以通过Photoshop获取视频中的静帧图像，将其应用于其他地方或者直接打印出来，具体操作如下。

[知识演练] 从动物视频中获取多个静帧图像

本节素材	◎I素材IChapter12I动物传奇.wmv
本节效果	◎I效果IChapter12I动物传奇.psd

步骤01 进入Photoshop主界面，在菜单栏中选择"文件/导入/视频帧到图层"命令，如图12-7所示。

步骤02 打开"打开"对话框，选择"动物传奇.wmv"素材文件，单击"打开"按钮，如图12-8所示。

图12-7

图12-8

步骤03 打开"将视频导入图层"对话框，选中"仅限所选范围"单选按钮，拖动滑块选择需要导入的帧范围，单击"确定"按钮即可将指定视频范围内的帧导入图层中，如图12-9所示。

步骤04 在"图层"面板中可查看这些图层，如图12-10所示。

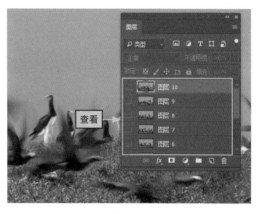

图12-9 　　　　　　　　　　　　　　　　　图12-10

12.2.3 空白视频帧的简单编辑

创建空白视频图层后，可以对其进行一些简单的操作，如插入、复制以及删除空白视频帧等，具体介绍如下。

● **插入空白视频帧：** 创建空白视频图层后，在"时间轴"面板中选择空白视频图层，将当前的时间指示器拖动到需要插入空白视频帧的位置，然后在菜单栏中单击"图层"菜单项，选择"视频图层/插入空白帧"命令，如图12-11所示。

图12-11

● **复制空白视频帧：** 选择空白视频图层，将当前的时间指示器拖动到需要的空白视频帧处，在菜单栏中选择"图层/视频图层/复制帧"命令，即可在"时间轴"面板上添加一个当前时间的视频帧副本。

● **删除空白视频帧：** 选择空白视频图层，将当前的时间指示器拖动到需要的空白视频帧处，在菜单栏中选择"图层/视频图层/删除帧"命令，即可删除"时间轴"面板上当前时间的视频帧。

12.2.4 对视频进行渲染

对视频文件进行编辑后，可以将其存储为影片或PSD文件。如果还没有对视频进行选择，则最好将其存储为PSD文件，这样便于修改。

在菜单栏中单击"文件"菜单项，选择"导出/渲染视频"命令，打开"渲染视频"对话框，对制作好的视频进行渲染，并将视频图层一起导出，如图12-12所示。

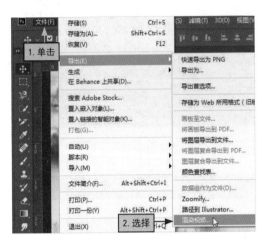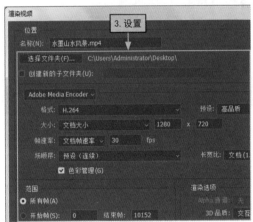

图12-12

知识延伸 | "渲染视频"对话框介绍

"渲染视频"对话框中，具有多个功能选项，具体介绍如图12-13所示。

> **"位置"栏**

在"位置"栏中主要对视频的名称和存储位置进行设置。

> **"格式"下拉列表**

单击"格式"下拉按钮，可以在打开的下拉列表中选择视频格式。其中，DPX（数字图像交换）格式主要用于Adobe Premiere Pro等编辑器合成到专业视频项目中的帧系列；H.264（MPEG-4）格式具有高清晰度和宽屏视频预设的输出功能；QuickTime（MOV）格式可用于导出Alpha通道和未压缩视频。

> **"范围"栏**

在"范围"栏中可以选择渲染文档中的所有帧，也可以只对部分帧进行渲染操作。

> **"渲染选项"栏**

在"Alpha通道"选项中，可以对Alpha通道的渲染方式进行指定。不过，该选项只能用于支持Alpha通道的格式，如TIFF、PSD等。另外，在"3D品质"文本框中可以选择渲染的品质。

图12-13

LESSON 12.3 创建与编辑帧动画

知识级别

□初级入门 | ■中级提高 | □高级拓展

知识难度 ★★

学习时长 100 分钟

学习目标

① 认识动画帧面板的组成部分。

② 利用静止的图像创建帧动画。

③ 将帧动画保存起来。

※主要内容※

内　容	难　度	内　容	难　度
认识动画帧面板	★	创建帧动画	★★★
保存帧动画进行	★★★		

效果预览 > > >

12.3.1 认识动画帧面板

动画由一系列图像帧组成的，通过每一帧与下一帧微小区别，让人产生一种运动的错觉。

在Photoshop CC中，"时间轴"面板是动画的主要编辑场所。创建或打开动画文件后，会在"时间轴"面板上中以帧的模式出现，显示每帧的缩略图。动画"时间轴"面板如图12-14所示为。

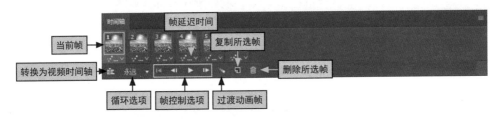

图12-14

- **当前帧：** 是指当前选择的帧。

- **帧延迟时间：** 设置帧在回放过程中的持续时间。

- **循环选项：** 设置动画的播放次数，如1次、3次等。

- **帧控制选项：** 帧控制选项中包含选择第一帧、选择上一帧、播放动画和选择下一帧。其中，单击"选择第一帧"按钮，可自动在选择序列中将第一帧作为当前帧；单击"选择上一帧"按钮，可选择当前帧的前一帧；单击"播放动画"按钮，可以在窗口中播放动画，再次单击则可以停止播放；单击"选择下一帧"按钮，可选择当前帧的下一帧。

- **过渡动画帧：** 如果需要在两个现有帧之间添加一系列过渡帧，并让新帧之间的图层属于均匀变化，则可以单击"过渡动画帧"按钮，在打开的"过渡"对话框中进行相关设置。

- **转换为视频时间轴：** 单击"转换为视频时间轴"按钮，"时间轴"面板中会显示视频编辑选项。

- **复制所选帧：** 单击"复制所选帧"按钮，可在"时间轴"面板中复制选择的帧。

- **删除所选帧：** 单击"删除所选帧"按钮，可在"时间轴"面板中删除选择的帧。

12.3.2 创建帧动画

制作动画的原理和播放视频图像非常相似，就是将静止的平面图像以较快的速度播放出来，具体操作如下。

[知识演练] 通过多个图像创建视频

本节素材	◉I素材IChapter12I飞舞的蝴蝶
本节效果	◉I效果IChapter12I小黄花.psd

步骤01 打开"小黄花.jpg"素材文件，在打开的"时间轴"面板中单击"创建视频时间轴"下拉按钮，选择"创建帧动画"选项，如图12-15所示。

步骤02 在"时间轴"面板上单击"创建帧动画"按钮，如图12-16所示。

图12-15

图12-16

步骤03 打开"图层"面板和"hd1.png"素材文件，如图12-17所示。

步骤04 切换到"小黄花"图像文件的"时间轴"面板，然后单击面板底部的"复制所选帧"按钮，如图12-18所示。

图12-17

图12-18

步骤05 将hd1.png素材文件中的图像拖入文档中的相应位置，调整其大小与位置，此时"图层"面板中会自动增加一个图层，如图12-19所示。

步骤06 在"时间轴"面板中，再次单击"复制所选帧"按钮，如图12-20所示。

图12-19

图12-20

步骤07 打开hd2.png素材文件，将图像拖入文档中的相应位置，在"图层"面板中单击"图层1"的"指示图层可见性"按钮隐藏图层，如图12-21所示。

图12-21

步骤08 以相同方法，添加动画帧，打开hd3.png素材文件并拖动到文档中，隐藏其他图层，如图12-22所示。

步骤09 以相同方法添加动画帧，打开hd4.png素材文件并拖动到文档中，隐藏其他图层，如图12-23所示。

图12-22　　　　　　　　　　　　　图12-23

步骤10 以相同方法添加动画帧，打开hd5.png素材文件并拖动到文档中，隐藏其他图层，如图12-24所示。

步骤11 在"时间轴"面板上选择"第一帧"选项，单击"帧延迟时间"下拉按钮，选择"0.2"选项，如图12-25所示。

图12-24

图12-25

步骤12 以相同方法设置其他帧的"帧延迟时间"也为"0.2"，如图12-26所示。

步骤13 单击"播放动画"按钮，可在文档窗口看到蝴蝶开始运动，如图12-27所示。

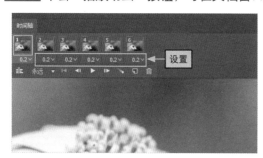

图12-26

图12-27

12.3.3 保存帧动画

　　帧动画创建完成后，为了能让其形成最终的动画，还需要将它保存为GIF格式的文件，具体操作如下。

[知识演练] 将制作好的帧动画保存为GIF格式的文件

本节素材	◎I素材IChapter12I小黄花.psd
本节效果	◎I效果IChapter12I小黄花.gif

步骤01 打开"小黄花.psd"素材文件，在菜单栏中单击"文件"菜单项，选择"导出/存储为Web所用格式"命令，如图12-28所示。

步骤02 打开"存储为Web所用格式"对话框，在其右侧单击"优化的文件格式"下拉按钮，选择GIF选项，如图12-29所示。

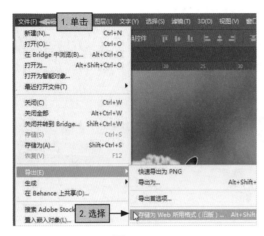

图12-28

图12-29

步骤03 在对话框底部单击"播放动画"按钮，预览动画效果，单击"存储"按钮，如图12-30所示。

步骤04 打开"将优化结果存储为"对话框，选择存储路径，输入动画名称，单击"保存"按钮，如图12-31所示。

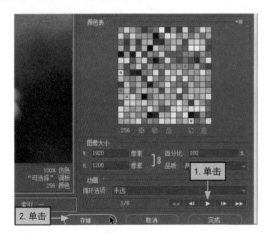

图12-30

图12-31

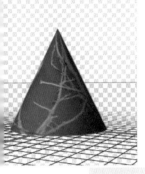

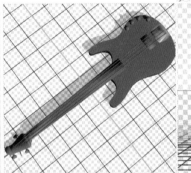

第13章

潮流的3D

图像技术

学习目标

随着Photoshop CC版本的更新，Photoshop的功能也越来越强大，不仅可以对平面图像进行编辑与处理，还可以打开和编辑3D文件。简单来说，Photoshop CC除了可以制作简单的3D模型外，还能调整3D模型的角度、透视，添加光源和投影，以及将3D对象导出到其他程序中使用。

本章要点

◆ 认识3D操作界面
◆ D 文件的组成
◆ 创建3D明信片
◆ 创建3D凸出
◆ 创建3D形状
......

LESSON 13.1 初识3D功能

知识级别

■初级入门｜□中级提高｜□高级拓展

知识难度 ★

学习时长 45 分钟

学习目标

① 熟悉 3D 操作界面的功能。

② 熟悉 3D 文件的几大组成部分。

※主要内容※

内 容	难 度	内 容	难 度
认识 3D 操作界面	★	3D 文件的组成	★★

效果预览 > > >

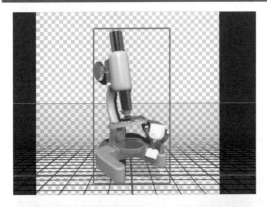

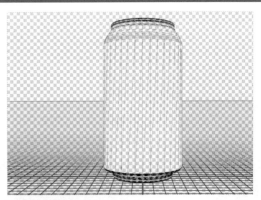

13.1.1 认识3D操作界面

在Photoshop CC中，打开、创建或编辑3D文件，都会自动切换到3D界面，如图13-1所示。

图13-1

Photoshop可以保留对象的纹理、渲染和光照等信息，同时将3D模型放到3D图层上。在3D界面中，用户可以非常轻松地创建3D模型，如球面、柱面及3D明信片等，也可以非常容易地修改场景或对象的方向，甚至还能将3D对象自动对齐到图像的消失点上。

13.1.2 3D文件的组成

在Photoshop CC中，3D文件由网格、材质和光源等内容组成。其中，网格相当于3D模型的骨骼；材质相当于3D模型的皮肤；光源相当于人眼可见的太阳或灯，可以将3D模型以不同的亮度显示出来。

● **网格：** 网格为3D模型提供了底层结构，是由无数个独立的多边形框架结构组成的线框，如图13-2所示。在Photoshop CC中，可以在多种渲染模式下查看网格，也可以分别对多个网格进行操作，甚至可以在2D图层中创建3D网格。不过，要对3D模型本身的多边形网格进行编辑，则必须使用3D组件来实现。

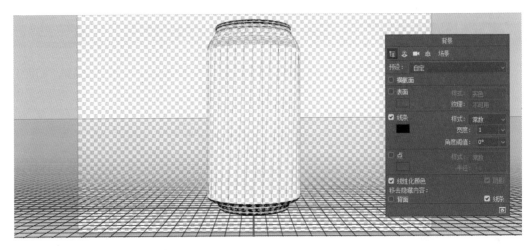

图13-2

● **材质：** 对于网格而言，可以具有一种或多种相关材质，这些材质控制着局部网格的外观或整个网格的外观。材质映射到网格上，可以模拟出各种纹理和质感，如颜色、图案以及崎岖度等。如图13-3所示为汽水瓶子模型使用的纹理材质。

图13-3

● **光源：** 光源主要包括3种，即点光、聚光灯和无限光，效果如图13-4所示。用户可以移动和调整现有光照的颜色和强度，也可以将新的光源添加到3D场景中。

图13-4

LESSON
13.2 创建3D对象

知识级别

□初级入门 | ■中级提高 | □高级拓展

知识难度 ★★

学习时长 100 分钟

学习目标

① 掌握创建 3D 明信片的方法。
② 掌握创建 3D 凸出效果的方法。
③ 掌握创建 3D 形状的方法。

※主要内容※

内　容	难　度	内　容	难　度
创建 3D 明信片	★	创建 3D 凸出效果	★★★
创建 3D 形状	★	创建深度映射 3D 网格	★

效果预览 > > >

13.2.1 创建3D明信片

在Photoshop CC中，使用3D明信片功能可以将图像中的2D图层转换为3D明信片。

在菜单栏中选择"窗口/3D"命令，打3D面板，在"新建3D对象"栏中选中"3D明信片"单选按钮，单击"创建"按钮，即可创建出3D明信片，如图13-5所示。

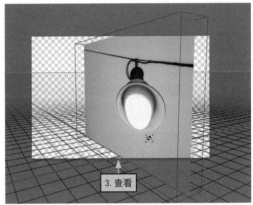

图13-5

13.2.2 创建3D凸出效果

在3D面板中，可以利用"3D凸出"功能使2D图像产生3D凸出效果。

在3D面板的"新建3D对象"栏中选中"3D凸出"单选按钮，单击"创建"按钮，即可将当前选中的图层创建为3D凸出对象，如图13-6所示。

图13-6

13.2.3 创建3D形状

利用3D面板还可以创建3D形状。在"新建3D对象"栏中选中"从预设创建网格"单选按钮，然后单击其下的下拉按钮，在打开的下拉列表中选择需要的形状，单击"创建"按钮即可创建出对应的3D形状，如图13-7所示。

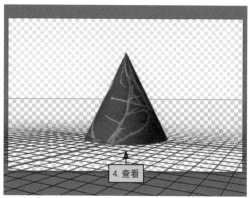

图13-7

13.2.4 创建深度映射3D网格

在Photoshop CC中，还可以将灰度图像转换为深度映射，主要通过图像的明度值转换出深度不同的表面来实现。其中，较亮的明度值会呈现出凸起区域，而较暗的明度值会呈现出凹下区域，从而产生3D模型效果。

在"新建3D对象"栏中选中"从深度映射创建网格"单选按钮，在下拉列表中选择需要的选项，单击"创建"按钮，即可基于该图像创建深度映射3D网格，如图13-8所示。

图13-8

LESSON
13.3 调整3D对象

LESSON
13.3 调整3D对象

知识级别

□ 初级入门 ｜ ■ 中级提高 ｜ □ 高级拓展

知识难度 ★★

学习时长 80 分钟

学习目标

① 掌握 3D 对象模式的设置方法。
② 掌握 3D 材质的设置方法。
③ 掌握 3D 场景的设置方法。

※主要内容※

内　容	难　度	内　容	难　度
设置 3D 对象的模式	★★	设置 3D 材质	★★
设置 3D 场景	★★★		

效果预览 > > >

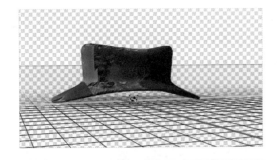

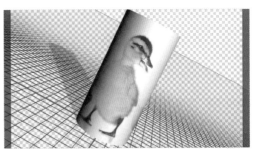

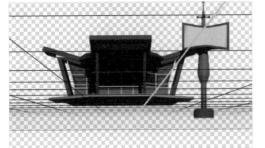

13.3.1 设置3D对象的模式

在3D视图中选择移动工具后，还可以在工具选项栏中选择3D模式，从而对3D对象进行旋转、滚动、拖动以及滑动等操作。选择3D模式后，在3D对象上按住鼠标左键并拖动，即可调整3D对象的位置、大小以及角度，具体介绍如下。

● **旋转3D对象：** 在工具选项栏的"3D模式"栏中单击"旋转3D形状"按钮，然后在3D形状上按住鼠标左键并拖动，即可旋转形状，如图13-9所示。

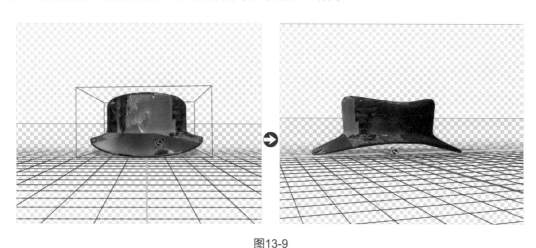

图13-9

● **滚动3D对象：** 在工具选项栏的"3D模式"栏中单击"滚动3D对象"按钮，然后在3D对象两侧拖动鼠标，从而使对象围绕Z轴转动，如图13-10所示。

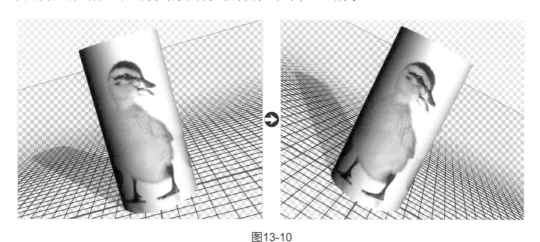

图13-10

● **拖动3D对象：** 在工具选项栏的"3D模式"栏中单击"拖动3D对象"按钮，然后在3D对象外按住鼠标左键并拖动，3D对象将在三维空间中进行平移，如图13-11所示。

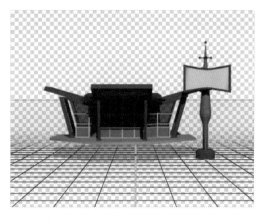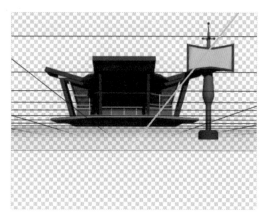

图13-11

● **滑动3D对象：** 在工具选项栏的"3D模式"栏中单击"滑动3D对象"按钮，然后在3D对象两侧拖动鼠标，3D对象将沿水平方向移动，如图13-12所示。

图13-12

13.3.2 设置3D材质

为了使3D对象更加符合现实环境中的材质，Photoshop CC提供了多种材质来创建3D模型的外观。

在3D面板顶部单击"材质"按钮，面板中会列出3D模型所使用的材质，如图13-13所示。还可以通过"窗口"菜单项打开"属性"面板，对3D模型的材质属性进行设置，如图13-14所示。

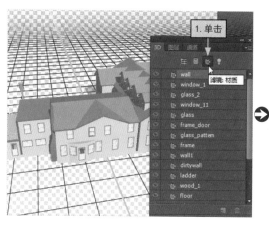

图13-13

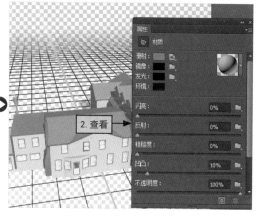

图13-14

13.3.3 设置3D场景

　　如果对3D对象的渲染模式进行修改，则可以对3D场景进行设置。同时，设置3D场景还可以快速选择要在其上绘制的纹理，或者创建3D对象的横截面。

　　在3D模型区域外的任意位置单击鼠标右键，打开"图层1"面板，其中会显示3D场景的设置选项，如图13-15所示。另外，打开3D面板，可显示当前图层的3D模型场景信息，如图13-16所示。

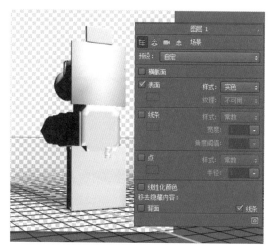

图13-15

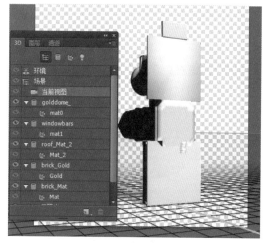

图13-16

知识级别

■初级入门 | □中级提高 | □高级拓展

知识难度 ★★

学习时长 30 分钟

学习目标

① 通过"渲染"命令渲染 3D 模型。

② 将 3D 文件存储为指定格式。

③ 通过"导出 3D 图层"命令导出 3D 文件。

④ 掌握合并 3D 图层的操作方法。

⑤ 掌握打印 3D 对象的操作方法。

※主要内容※

内　容	难　度	内　容	难　度
渲染 3D 模型	★★	存储 3D 文件	★★★
导出 3D 文件	★★	合并 3D 图层	★★★
打印 3D 对象	★★★		

效果预览 > > >

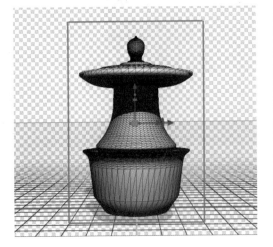 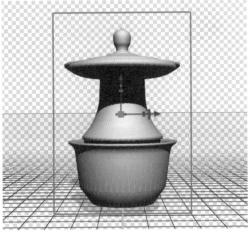

13.4.1 渲染3D模型

在完成3D文件的编辑后，在菜单栏中选择"3D/渲染"命令渲染模型，创建用于Web、打印或动画的最高品质输出效果。3D模型在渲染的过程中，渲染的剩余时间和百分比会显示在文档窗口底部的状态栏中。

❶ 使用预设的渲染选项

在3D面板顶部单击"场景"按钮，然后选择"场景"选项，如图13-17（左）所示，可以在"属性"面板的"预设"下拉列表框中选择一个渲染选项，如图13-17（右）所示。

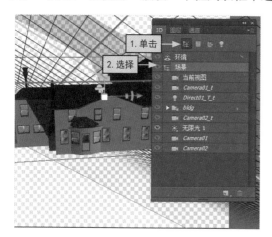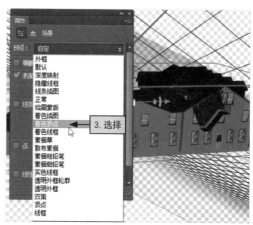

图13-17

在"预设"下拉列表框中，"默认"选项是Photoshop预设的标准渲染模式，也就是显示模型的可见表面；"线框"和"顶点"选项会显示底层结构；"实色线框"选项可以合并实色和线框渲染；"外框"选项主要用于反映其最外侧尺寸的简单框来查看模型。另外，在使用"素描草""散布素描""素描粗铅笔"或"素描细铅笔"等选项时，只要选择一个绘画工具，如图画笔或铅笔等，然后在菜单栏中选择"3D/使用当前画笔素描"命令，就可以使用画笔描绘模型了。

值得注意的是，渲染设置是图层特定的。若图像文件中含有多个3D图层，则需要为每个图层指定渲染设置。另外，最终渲染应使用光线跟踪和更高的取样速率，从而获得更加逼真的光照和阴影。

❷ 设置横截面

在"属性"面板中选中"横截面"复选框，可创建以所选角度与模型相交的平面横截面，从而切入模型内部查看里面的内容，如图13-18所示。

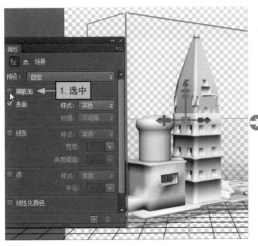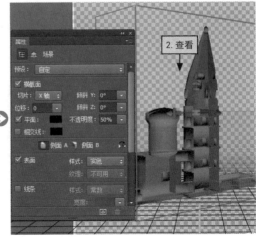

图13-18

③ 设置表面

如果在"属性"面板中选中"表面"复选框，则可以在其"样式"下拉列表中选择模型表面的显示方式，如平坦、常数、外框以及正常等，如图13-19所示。

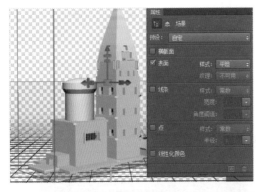

图13-19

④. 设置线条

在"属性"面板中选中"线条"复选框后，可以在其后的"样式"微调框中选择线框线条的显示方式，包括常数、平坦、实色和外框，如图13-20所示。

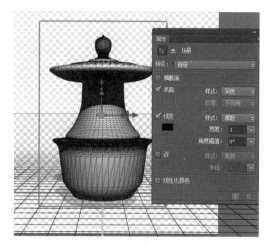
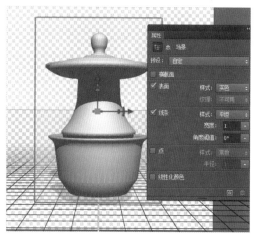
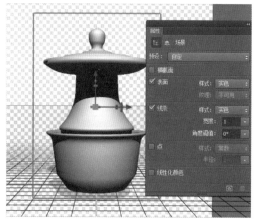
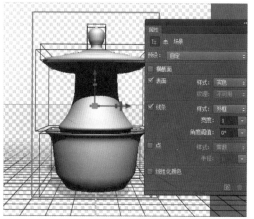

图13-20

如果模型中的两个多边形在某个特定角度相接，则会形成一条折痕或线段，在"角度阈值"数值框中可以对模型中的结构线条进行调整。

⑤. 设置顶点

由于线框模型是由顶点组成的多边形相交点，所以在"属性"面板中选中"点"复选框后，可以在"样式"微调框中选择顶点的外观，包括常数、平坦、实色和外框，如图13-21所示。另外，通过"半径"数值框还可以调整每个顶点的像素半径。

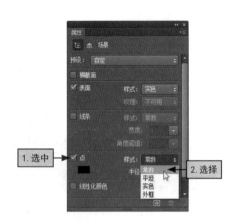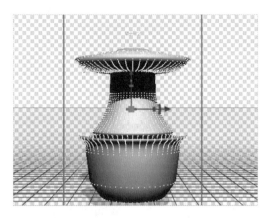

图13-21

13.4.2 存储3D文件

在完成3D文件的编辑后，如果想要保留文件中的3D内容，如位置、光源以及渲染模式等，可以将该文件存储为PSD、PDF或TIFF格式。

在菜单栏中单击"文件"菜单项，选择"存储为"命令，在打开的"另存为"对话框中设置存储路径，在文件名的文本框中输入文件名，选择保存类型，如这里选择TIFF格式，单击"保存"按钮，如图13-22所示。

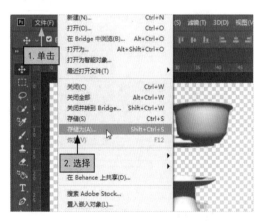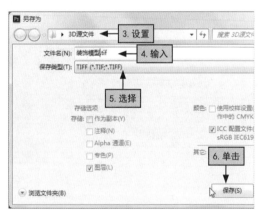

图13-22

13.4.3 导出3D文件

由于某些3D文件非常复杂，所以需要用Photoshop进行辅助编辑，编辑完成后就需要将其导出，此时可以通过"导出3D图层"命令来实现。

在"图层"面板中选择要导出的3D图层，在菜单栏中单击"3D"菜单项，选择"导出

3D图层"命令可打开"导出属性"对话框，在"3D文件格式"下拉列表框中选择将文件导出的格式，单击"确定"按钮，如图13-23所示。

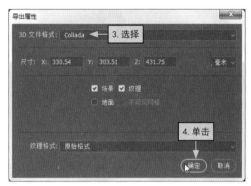

图13-23

13.4.4 合并3D图层

在Photoshop CC中对3D文件的图层进行合并操作后，既可单独处理每一个模型，也可同时在所有模型上使用位置工具和相机工具。

在"图层"面板中选择两个或多个3D图层，在菜单栏中单击"3D"菜单项，选择"合并3D图层"命令，即可将它们合并到一个场景中，如图13-24所示。

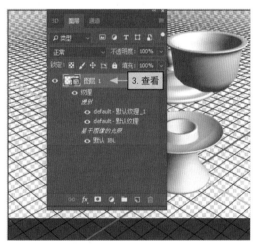

图13-24

13.4.5 打印3D对象

photoshop CC支持3D打印技术，将计算机与3D打印机相连接，即可进行3D打印。

在Photoshop中打开3D文件，在菜单栏中单击"3D"菜单项，选择"3D打印设置"命令，在打开的"属性"面板中会显示相应的设置选项，如图13-25所示。

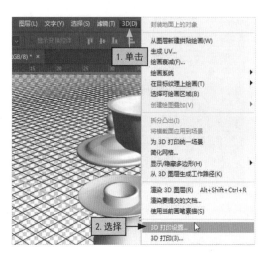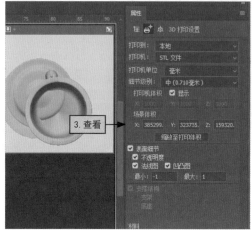

图13-25

完成3D打印设置后，在菜单栏中选择"3D/3D 打印"命令，Photoshop将统一并准备3D场景，打开"Photoshop 3D打印设置"对话框后，单击"导出"按钮，即可导出3D模型，如图13-26所示。

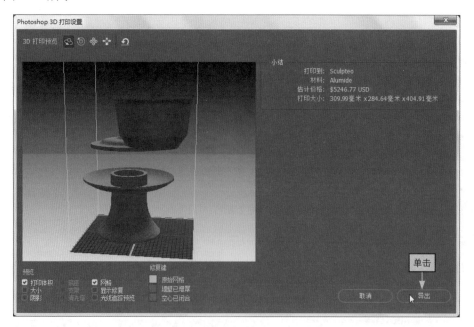

图13-26

第14章

实战综合
案例应用

学习目标　前面13章讲述了Photoshop CC图像设计与制作的基本操作以及简单运用。本章就来通过几个较为复杂的案例，综合应用前面介绍的图像设计与制作知识。

◆　制作创意平面广告
◆　处理人像数码照片
◆　制作电影海报
…………

本章要点

LESSON 14.1 制作创意平面广告

案例描述

平面广告集合了许多元素，如图像、文字和色彩等，富有创意的平面广告更能吸引人们的注意力，从而达到宣传目的。

知识难度 ★

学习时长 45 分钟

学习目标

① 处理画面背景。

② 抠取与修饰主体对象。

③ 调整整体画面的影调与色调。

④ 合成变换效果。

效果预览 > > >

▲ 初始效果

▼ 最终效果

Good as water, endless aftertaste

本节素材	◉ l素材lChapter14l平面广告
本节效果	◉ l效果lChapter14l平面广告.psd

14.1.1 | 处理画面背景

在本例中，背景是以沙滩、海平面和蓝天组合而成的，其将不同的图像通过图层蒙版以比较自然的方式合成在一起，不仅可以使画面的内容变得丰富，还能制作出比较真实的画面效果，其具体操作如下。

步骤01 启动Photoshop CC应用程序，在其主界面中单击"新建"按钮，在打开的"新建"对话框中输入图像文档的名称，并对图像文档的属性进行设置，最后单击"确定"按钮，如图14-1所示。

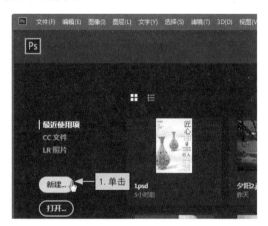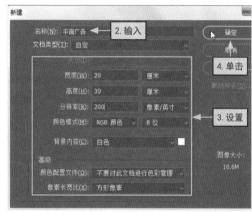

图14-1

步骤02 得到一个白色背景的文档，在"图层"面板下方单击"创建新图层"按钮，得到"图层1"图层。在菜单栏中单击"文件"菜单项，选择"打开"命令，如图14-2所示。

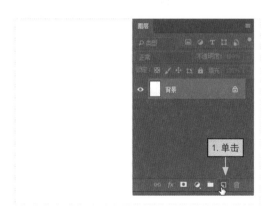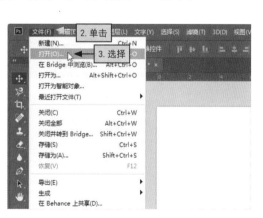

图14-2

步骤03 打开"打开"对话框，选择01.jpg素材文件，单击"打开"按钮，如图14-3所示。

步骤04 在打开的图像文件上按Ctrl+A组合键全选图像，然后在图像上按住鼠标左键并将其拖动到新建的图像文件中，如图14-4所示。

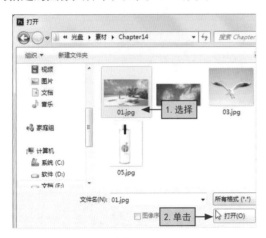

图14-3

图14-4

步骤05 移动的图像会复制到"图层1"图层中，按Ctrl+T组合键使复制的图像处于变换状态，适当调整图像大小，并将其移动到画面下方，如图14-5所示。

步骤06 在"图层"面板的下方单击"添加蒙版"按钮，为"图层1"图层添加一个白色的图层蒙版，如图14-6所示。

图14-5

图14-6

步骤07 在工具箱中选择"渐变工具"选项，在工具选项栏中设置渐变色为黑色到白色，如图14-7所示。

步骤08 对"图层1"的蒙版进行编辑，即在图像上的中间位置按住鼠标左键并向上拖动，使图像形成由下到上的渐隐效果，如图14-8所示。

图14-7 图14-8

步骤09 在"图层"面板下方单击"创建新图层"按钮，得到"图层2"图层，如图14-9所示。

步骤10 打开02.jpg素材文件，按Ctrl+A组合键全选图像，按Ctrl+C组合键复制图像，在"平面广告.psd"文件中按Ctrl+V组合键粘贴图像，即可将02.jpg图像文件复制到"图层2"图层中，如图14-10所示。

图14-9 图14-10

步骤11 对图像的大小进行调整，并将其放置到画面上方。在"图层"面板中单击"添加蒙版"按钮，为"图层2"图层添加一个白色的图层蒙版，如图14-11所示。

步骤12 在工具箱中选择"渐变工具"选项，设置渐变色为黑色到白色。然后对"图层2"图层上的图层蒙版进行编辑，即在图像上的中间位置按住鼠标左键向下拖动，使图像形成由上到下的渐隐效果，从而对"图层1"和"图层2"中的图像进行自然合成，如图14-12所示。

图14-11   图14-12

14.1.2 抠取与修饰主体对象

　　由于素材文件中的纯净水瓶和海鸥都带有背景，所以需要通过抠图工具将其抠出来，如使用磁性套索工具和色彩范围命令，并以适当的大小和位置进行组合，然后为其添加图层样式，使它们更加自然地融入整体画面中，具体操作如下。

步骤01 在"图层"面板下方单击"创建新图层"按钮，得到"图层3"图层。打开05.jpg素材文件，将其复制到"平面广告.psd"图像中，然后适当调整素材图像的大小与位置，如图14-13所示。

步骤02 在工具箱中选择"磁性套索工具"选项，然后在工具选项栏中进行相应设置，如图14-14所示。

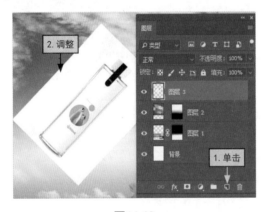

图14-13   图14-14

步骤03 使用磁性套索工具将素材图像中的矿泉水瓶图像抠取出来，在"图层"面板中单击"添加图层蒙版"按钮，为"图层3"图层添加图层蒙版，把选区中的图像抠取出来进行显示，如图14-15所示。

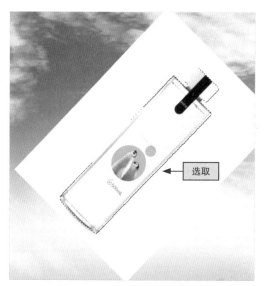 

图14-15

步骤04 在"图层"面板中双击"图层3"图层前面的缩略图,打开"图层样式"对话框,选择"外发光"选项,依次设置"混合模式"为"滤色","不透明度"为"60","颜色"为"白色","方法"为"柔和","扩展"为"0"以及"大小"为150像素,然后单击"确定"按钮,如图14-16所示。

 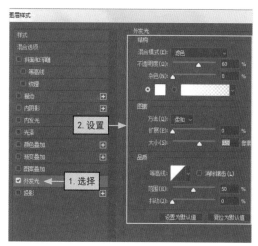

图14-16

步骤05 按住Ctrl键,同时在"图层"面板中单击"图层3"图层的蒙版缩览图,将矿泉水瓶作为选区,如图14-17所示。

步骤06 选择"窗口/调整"命令打开"调整"面板,单击"色阶"按钮,为选区创建色阶调整图层,如图14-18所示。

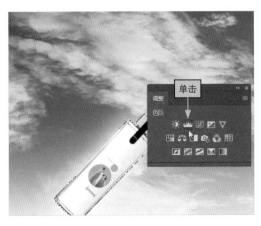

图14-17　　　　　　　　　　　　　图14-18

步骤07 打开"色阶"面板，拖动灰色滑块，设置中间值为"1.35"，提高选区图像的中间影调，如图14-19所示。

步骤08 新建两个图层，得到"图层4"和"图层5"图层，打开03.jpg和04.jpg素材文件，将03.jpg素材图像复制到"图层4"图层中，将04.jpg素材图像复制到"图 层5"图层中，适当调整海鸥图像的大小和位置，如图14-20所示。

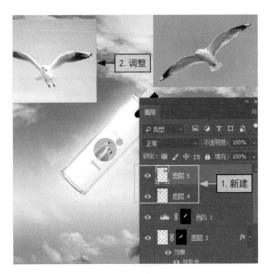

图14-19　　　　　　　　　　　　　图14-20

步骤09 在"图层"面板中选择"图层4"图层，为其添加白色的图层蒙版，并选择该图层蒙版。在菜单栏中选择"选择/色彩范围"命令，在打开的"色彩范围"对话框中对"颜色容差"进行设置，单击"确定"按钮，如图14-21所示。

步骤10 在工具箱中选择"画笔工具"选项，设置前景色为黑色，然后对选取的不满意位置进行调整，如图14-22所示。

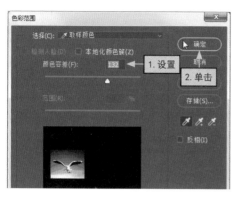

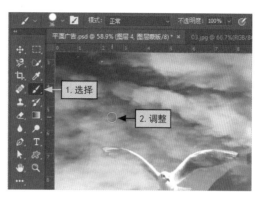

图14-21 图14-22

步骤11 以相同的方法为"图层5"图层添加白色的图层蒙版,并将海鸥抠取出来。复制"图层
4"和"图层5"图层,调整复制图层的大小和角度后,将其放置在画面的合适位置作为修饰图
像,如图14–23所示。

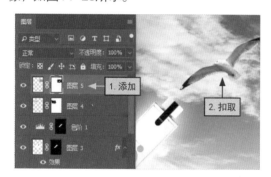

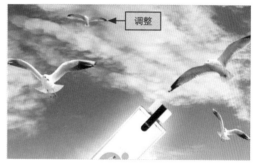

图14-23

步骤12 分别为"图层4"和"图层5"添加"外发光"图层样式,在打开的"图层样式"对话框
中设置外发光的"颜色"为"白色","不透明度"为"60%"和"大小"为"50"像素,单
击"确定"按钮,如图14–24所示。

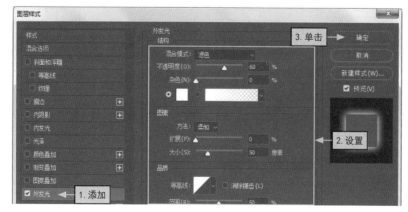

图14-24

14.1.3 调整整体画面的影调与色调

将所有图像素材都合成后，平面广告的画面基本上就确定了，此时还需要对画面整体的明暗对比和色彩进行调整，包括色阶、曲线、色彩平衡、"亮度/对比度"以及自然饱和度等，从而让画面效果更加协调与统一，具体操作如下。

步骤01 打开"调整"面板，单击"色阶"按钮，创建新的色阶调整图层。在打开的"属性"面板中将色阶滑块依次拖动到"2""1.00"和"245"的位置，使画面的明暗对比效果得到增强，如图14-25所示。

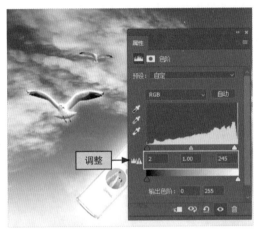

图14-25

步骤02 在"调整"面板中单击"曲线"按钮，在打开的"属性"面板中拖动曲线，使输入值与输出值发生变化，并将曲线调整图层的图层蒙版填充为黑色。选择"画笔工具"选项，设置前景色为白色、不透明度为"50%"，在画面中的海鸥图像上进行涂抹，如图14-26所示。

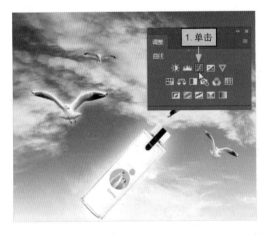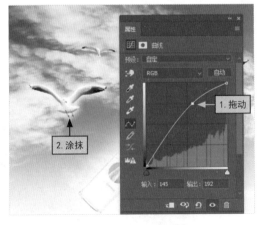

图14-26

步骤03 在"调整"面板中单击"色彩平衡"按钮，创建新的色彩平衡调整图层。在打开的"属性"面板中，将"中间调"选项的色阶值分别设置为"-6""-5"和"25"，如图14-27所示。

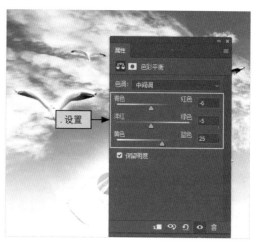

图14-27

步骤04 在"调整"面板中单击"亮度/对比度"按钮，创建"亮度/对比度"调整图层。在打开的"属性"面板中设置对比度为"20"，从而增强画面的明暗对比和层次感，如图14-28所示。

图14-28

步骤05 在"调整"面板中单击"自然饱和度"按钮，在打开的"属性"面板中设置自然饱和度为"40"、饱和度为"5"，从而增强画面的整体颜色浓度，使画面颜色更加的鲜艳，如图14-29所示。

图14-29

14.1.4 完善广告内容

完成平面广告整体画面影调与色调的调整后，还需要对画面的细节进行处理。下面通过复制和图层蒙版制作出修饰图案，使用横排文字工具添加宣传文字，完善广告内容。

步骤01 在"图层"面板中选择"图层3"图层，按Ctrl+J组合键对"图层3"图层进行复制，得到"图层3 拷贝"图层，调整复制图像的大小和角度，并移动到画面的右下角，如图14-30所示。

步骤02 在工具箱中选择"横排文字工具"选项，输入主题文字，并对文字的"字符"属性进行设置，移动至此完成整个平面广告的制作，如图14-31所示。

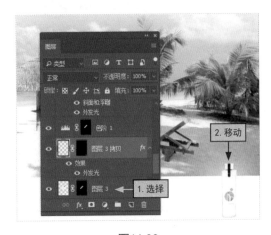

图14-30   图14-31

LESSON 14.2 处理人像数码照片

案例描述

对于一些比较基础的人物照片或图像，为了让其更加美观，质地更好，可以使用 Photoshop CC 中的一些常用工具来对其进行精修处理，如污点修复画笔工具、吸管工具、橡皮擦工具以及仿制图章工具等。

知识难度 ★

学习时长 45 分钟

学习目标

① 皮肤污点修复。

⑤ 用曲线调唇色。

② 消除眼部的眼袋。

⑥ 增强脸部立体感。

③ 为皮肤较暗处涂粉。

⑦ 加深眉毛的颜色。

④ 对唇部进行修复处理。

⑧ 调整色调与锐化。

效果预览 > > >

▲ 初始效果

▼ 最终效果

本节素材	◎l素材lChapter14l人物.jpg
本节效果	◎l效果lChapter14l人物.psd

14.2.1 修复皮肤污点

修复皮肤污点是指对皮肤上存在的污点进行清除，使皮肤更加干净与自然。在对皮肤污点进行修复时，只需要使用污点修复画笔工具即可实现，具体操作如下。

步骤01 打开"人物.jpg"素材文件，在"图层"面板中单击"创建新图层"按钮，新建一个空白图层，将其重命名为"污点修复"。在工具箱中选择"污点修复画笔工具"选项，在其工具选项栏中设置画笔大小，并选中"对所有图层取样"复选框，如图14-32所示。

图14-32

步骤02 将鼠标移动到需要处理的污点上并单击（或按住鼠标并拖动），对污点进行修复，如图14-33所示。

步骤03 在工具箱中选择"修复画笔工具"选项，在工具选项栏中设置相关属性，并在"样本"下拉列表中选择"当前和下方图层"选项，如图14-34所示。

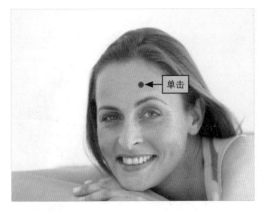

图14-33   图14-34

步骤04 将鼠标移动到人物的额头或脖子上，按住Alt键单击鼠标取样，然后在额头或脖子上单击鼠标去除上面的细纹，如图14-35所示。

步骤05 在工具箱中选择"仿制图章工具"选项，在其工具选项栏中设置不透明度为50%，并在"样本"下拉列表框中选择"当前和下方图层"选项，如图14-36所示。

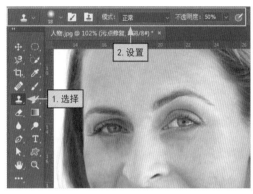

图14-35　　　　　　　　　　　　　图14-36

步骤06 将鼠标光标移动到鼻子的左侧，按住Alt键单击鼠标取样，去除鼻子周围模糊的轮廓线，如图14-37所示。

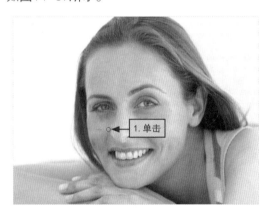

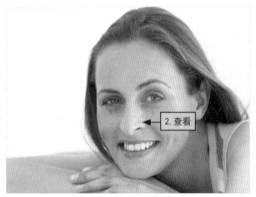

图14-37

14.2.2 消除眼袋

在人物图像中，眼袋会显得人物不专注、有疲劳感，所以需要进行修饰。由于眼睛是一个球状体，需要眼袋进行衬托，所以要修饰得恰到好处，具体操作如下。

步骤01 在"图层"面板中单击"创建新图层"按钮，新建一个空白图层，将其重命名为"消除眼袋"，如图14-38所示。

步骤02 在工具箱中选择"仿制图章工具"选项，将模式、不透明度以及取样分别设置为"正常"、50%和"当前和下方图层"，如图14-39所示。

图14-38   图14-39

步骤03 按住Alt键，在人物眼睛周围单击鼠标取样，再单击鼠标消除眼袋，如图14-40所示。

步骤04 在"图层"面板中将"消除眼袋"图层的不透明度设置为85%，如图14-41所示。

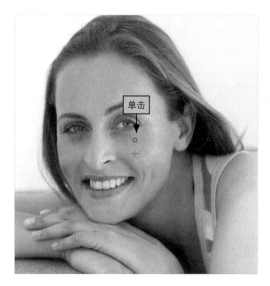 

图14-40   图14-41

步骤05 在"图层"面板中单击"创建新图层"按钮新建一个空白图层，将其重命名为"纹理修复"，如图14-42所示。

步骤06 选择"修复画笔工具"选项，在工具选项栏的"样本"下拉列表框中选择"当前和下方图层"选项，对前面操作中造成破坏的皮肤进行修复，如图14-43所示。

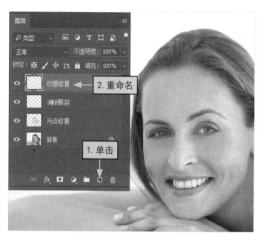

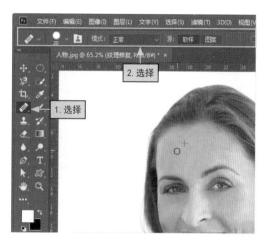

图14-42　　　　　　　　　　　图14-43

步骤07 在"图层"面板中选择"纹理修复"图层，将不透明度设置为90%，使人物图像更加自然，如图14-44所示。

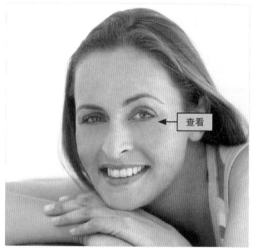

图14-44

14.2.3 为皮肤较暗处涂粉

在对人物图像进行美化时，可以给较暗白皮肤涂抹上一层粉，让皮肤变得更加柔和与光滑，具体操作如下。

步骤01 在"图层"面板中单击"创建新图层"按钮新建一个空白图层，并将其重命名为"美化皮肤"，将图层模式设置为"柔光"，如图14-45所示。

步骤02 在工具箱中选择"颜色取样器工具"选项，在图像的适当位置单击鼠标进行取样，如图14-46所示。

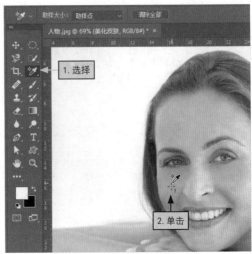

图14-45 　　　　　　　　　　　　　　图14-46

步骤03 此时，系统会自动打开"信息"面板，在其中可以看颜色取样器拾取的颜色值，单击"设置前景色"按钮，如图14-47所示。

步骤04 打开"拾色器（前景色）"对话框，在R、G、B文本框中输入颜色取样器拾取到的颜色值，单击"确定"按钮，如图14-48所示。

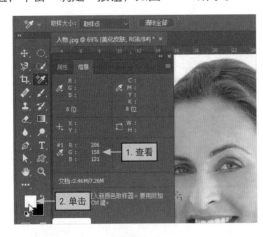

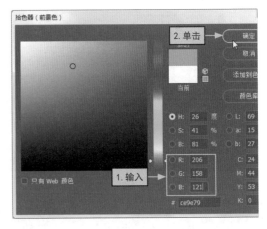

图14-47 　　　　　　　　　　　　　　图14-48

步骤05 在工具箱中选择"画笔工具"选项，在皮肤上进行涂抹，使皮肤变得光滑明亮，如图14-49所示。

步骤06 在菜单栏中单击"滤镜"菜单项，选择"模糊/高斯模糊"命令，如图14-50所示。

图14-49

图14-50

步骤07 打开"高斯模糊"对话框在"半径"文本框中输入半径值，单击"确定"按钮，如图14-51所示。

步骤08 在"图层"面板中，设置"美化皮肤"图层的不透明度为70%，如图14-52所示。

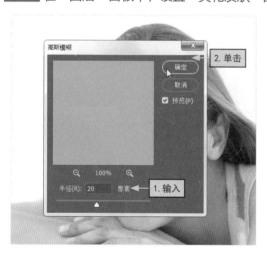

图14-51

图14-52

14.2.4 对唇部进行修复处理

对于人物图像而言，唇部是一个非常重要的部分，为了让该部分能为人物图像的面部增光添彩，可以单独对其进行处理，具体操作如下。

步骤01 在"图层"面板中单击"创建新图层"按钮，新建一个空白图层，将其重命名为"美化双唇"，将不透明度设置为20%，单击"前景色"按钮，如图14-53所示。

步骤02 打开"拾色器（前景色）"对话框，选择需要的颜色，单击"确定"按钮，如图14-54所示。

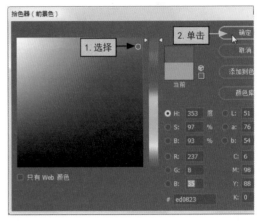

图14-53   图14-54

步骤03 在工具箱中选择"画笔工具"选项，按住鼠标左键在人物的双唇进行涂抹，并以相同方法为其应用"高斯模糊"滤镜，如图14-55所示。

步骤04 在工具箱中选择"仿制图章工具"选项，在工具选项栏的"模式"下拉列表框中选择"变亮"选项，将不透明度设置为50%，在嘴唇周围涂抹，如图14-56所示。

图14-55   图14-56

14.2.5 用曲线调整唇色

为了使人物的唇部更加突出与自然，可以用曲线对唇色进行调整，具体操作如下。

步骤01 在"图层"面板底部单击"创建新的填充或调整图层"下拉按钮，选择"曲线"命令，如图14-57所示。

步骤02 打开"属性"面板，在"通道"下拉列表框中选择"红"选项，拖动曲线进行调整，如图14-58所示。

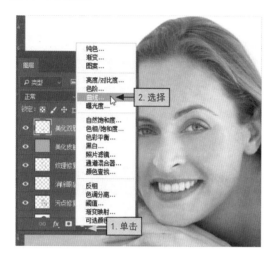

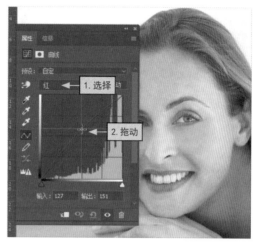

图14-57

图14-58

步骤03 在"通道"下拉列表框中选择"绿"选项，拖动曲线进行调整。然后在"通道"下拉列表中选择"蓝"选项，拖动曲线进行调整，如图14-59所示。

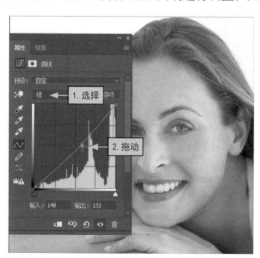

图14-59

步骤04 切换到"属性"面板中，单击"蒙版"按钮，再单击"反相"按钮，即可看调整唇色后的效果，如图14-60所示。

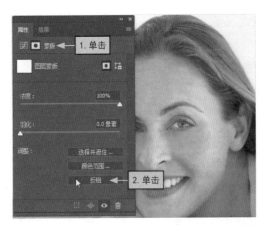

图14-60

14.2.6 增强脸部立体感

为了使人物图像的脸部轮廓更加分明与清晰，可以通过增强人物图像脸部的立体感来实现，具体操作如下。

步骤01 在"图层"面板中单击"创建新图层"按钮，新建一个空白图层，将其重命名为"美化脸部"，设置图层的混合模式为"柔光"，如图14-61所示。

步骤02 在工具箱中单击"设置前景色"按钮，打开"拾色器（前景色）"对话框，在人物嘴唇上单击鼠标进行拾色，单击"确定"按钮，如图14-62所示。

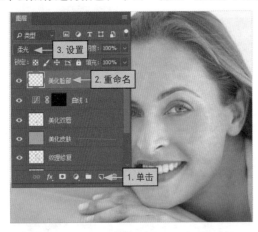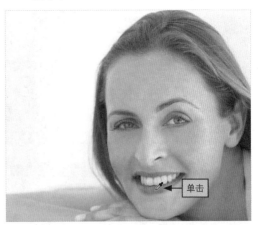

图14-61　　　　　　　　　　　　　　　　图14-62

步骤03 在工具箱中选择"画笔工具"选项，设置其不透明度为50%，在人物脸部两侧进行涂抹，如图14-63所示。

步骤04 打开"高斯模糊"对话框，在"半径"文本框中输入"20"，单击"确定"按钮，如图14-64所示。

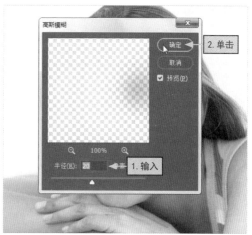

图14-63   图14-64

步骤05 在"图层"面板中单击"创建新图层"按钮，新建一个空白图层，并将其重命名为"增强脸部立体"，设置图层的混合模式为"柔光"，如图14-65所示。

步骤06 将前景色设置为黑色，选择"画笔工具"选项，将不透明度设置为40%，在人物面部较为阴暗的部分进行涂抹，如图14-66所示。

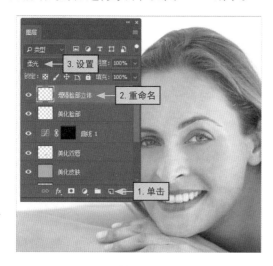

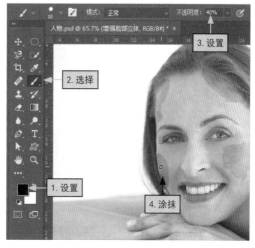

图14-65   图14-66

步骤07 打开"高斯模糊"对话框，在"半径"文本框中输入"40"，单击"确定"按钮，如图14-67所示。

步骤08 在"图层"面板中单击"创建新图层"按钮，新建一个空白图层，并将其重命名为"增强脸部立体感1"，设置图层的混合模式为"柔光"，如图14-68所示。

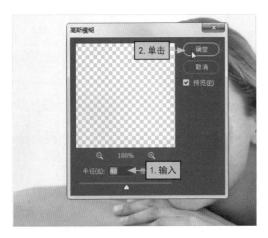

图14-67

图14-68

步骤09 将前景色设置为白色，选择画笔工具，将不透明度设置为40%，在人物鼻子的高光处进行涂抹，如图14-69所示。

步骤10 打开"高斯模糊"对话框，在"半径"文本框中输入"40"，单击"确定"按钮，如图14-70所示。

图14-69

图14-70

14.2.7 加深眉毛的颜色

在对人物图像进行精修时，除了可以直接增强脸部的立体感外，加深眉毛的颜色也可以起到辅助作用，具体操作如下。

步骤01 在"图层"面板中新建一个空白图层，将其重命名为"美化眉毛"，单击"创建新的填充或调整图层"下拉按钮，选择"曲线"命令，如图14-71所示。

步骤02 打开"属性"面板，保持面板的默认设置，单击"关闭"按钮，创建一个曲线调整图层，如图14-72所示。

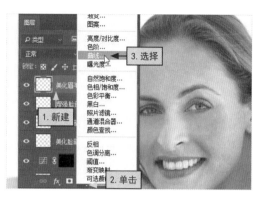

图14-71

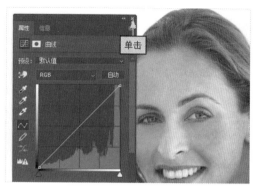

图14-72

步骤03 将曲线调整图层的混合模式设置为"正片叠底"，双击曲线调整图层缩览图，如图14-73所示。

步骤04 打开"属性"面板，单击"反相"按钮，对图像进行反相操作，如图14-74所示。

图14-73

图14-74

步骤05 将前景色设置为白色，选择"画笔工具"选项，将不透明度设置为20%，在眉毛和睫毛上进行涂抹，如图14-75所示。

步骤06 打开"高斯模糊"对话框，在"半径"文本框中输入"5.5"，单击"确定"按钮，如图14-76所示。

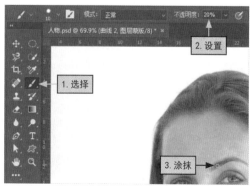

图14-75

图14-76

14.2.8 调整色调与锐化

在完成人物图像的精修操作后，可以对图像的色调进行调整和锐化，从而使人物图像更加柔和与自然，具体操作如下。

步骤01 在"图层"面板中单击"创建新的填充或调整图层"下拉按钮，选择"色相/饱和度"命令，如图14-77所示。

步骤02 打开"属性"对话框，分别设置色相、饱和度和明度，单击"关闭"按钮，如图14-78所示。

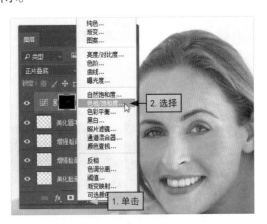

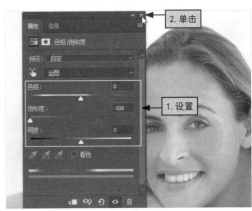

图14-77   图14-78

步骤03 在"图层"面板中的图层模式下拉列表框中选择"柔光"选项，调整不透明度为35%，如图14-79所示。

步骤04 在"图3层"面板中创建"色相/饱和度2"图层，在打开的"属性"面板中设置色相、饱和度和明度，单击"关闭"按钮，如图14-80所示。

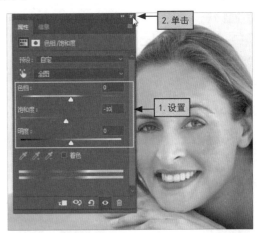

图14-79   图14-80

步骤05 在"属性"面板中单击"蒙版"按钮，再单击"反相"按钮使图像反相。然后将前景色设置为白色，选择画笔工具，用鼠标在嘴唇上进行涂抹，如图14-81所示。

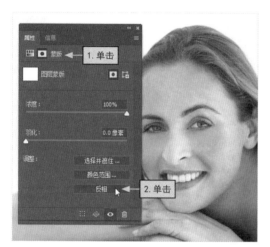

图14-81

步骤06 按Ctrl+Alt+Shift+E组合键盖印所有可见图层，从而生成"图层1"，如图14-82所示。

步骤07 在"滤镜"菜单中选择"其他/高反差保留"命令，打开"高反差保留"对话框，在"半径"文本框中输入"1.5"，单击"确定"按钮，如图14-83所示。

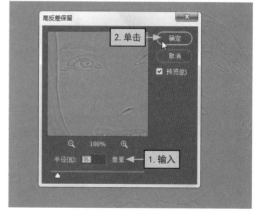

图14-82   图14-83

步骤08 设置图层的混合模式为"柔光"，在"图层"面板底部单击"添加图层蒙版"按钮，如图14-84所示。

步骤09 设置反相蒙版，然后使用白色画笔在眼睛、鼻子以及嘴唇等处进行涂抹，完成后释放鼠标，如图14-85所示。

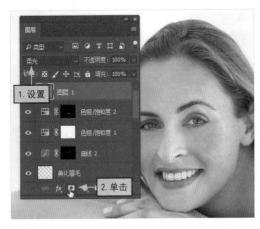

图14-84

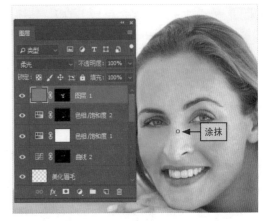

图14-85

步骤10 在"滤镜"菜单项中选择"锐化/USM
锐化"命令，打开"USM锐化"对话框。分
别设置数量、半径和阈值，单击"确定"按
钮，如图14-86所示。

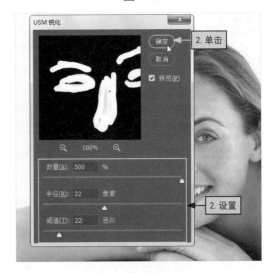

图14-86

步骤11 查看效果，然后按Ctrl+S组合键对其
进行保存，如图14-87所示。

图14-87

LESSON 14.1 制作创意平面广告

案例描述

看电影是大家都很喜欢的一种娱乐方式，而很多电影都需要进行大量的宣传，其中宣传海报就很常见。我们制作的海报要有足够的号召力和画面艺术感染力，需要调动形象、色彩、构图以及形式感等因素形成强烈的视觉效果，使观众能够产生强烈的观剧欲望。

学习目标

① 海报背景制作。

② 整体画面修饰。

③ 文字添加。

知识难度 ★

学习时长 45 分钟

效果预览 > > >

▲ 初始效果

▼ 最终效果

本节素材	◉ I素材IChapter14I电影海报
本节效果	◉ I效果IChapter14I电影海报.psd

14.3.1 制作海报背景

　　电影海报的背景由丛林、山与植物组合而成，使用图层蒙版把这些对象组合在一起，可以让整体画面更加和谐，同时很好地展现出电影中的场景和意境。

步骤01 启动Photoshop CC应用程序，在主界面中单击"新建"按钮，在打开的"新建文档"对话框中直接单击"创建"按钮，如图14-88所示。

步骤02 打开"新建"对话框，输入文件的名称，设置文件大小，在"背景内容"文本框后单击"颜色"按钮，如图14-89所示。

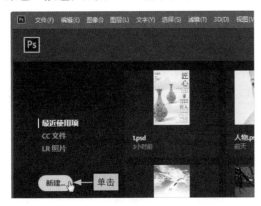

图14-88

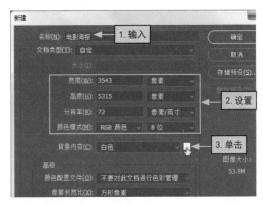

图14-89

步骤03 打开"拾色器然后（新建文档背景颜色）"对话框，选择黑色，单击"确定"按钮，返回到"新建"对话框中，然后直接单击"确定"按钮，如图14-90所示。

步骤04 打开01.jpg素材文件，按Ctrl+A组合键全选图像，按Ctrl+C组合键复制图像，如图14-91所示。

图14-90

图14-91

步骤05 切换到新建的"电影海报.psd"文件中，按Ctrl+V组合键粘贴图像，生成"图层1"图层，调整图像的大小与位置，如图14-92所示。

步骤06 打开02.jpg素材文件，以相同的方法将图像复制到"电影海报.psd"文件中，生成"图层2"图层，调整图像的大小与位置，如图14-93所示。

图14-92

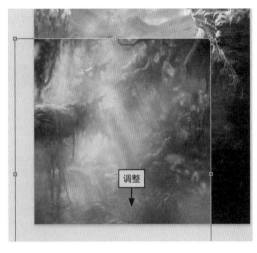

图14-93

步骤07 在"图层"面板中选择"图层2"选项，然后在面板底部单击"添加蒙版"按钮，如图14-94所示。

步骤08 在工具箱中选择"渐变工具"选项，在工具选项栏中选择"黑白渐变"选项，然后在图像的相应位置按住鼠标左键从上到下拖动，创建渐变效果，如图14-95所示。

图14-94

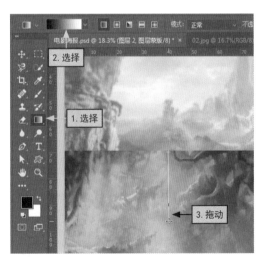

图14-95

14.3.2 修饰整体画面

电影海报的背景制作完成后，还需要在画面中添加其他修饰图像，从而使画面整体效果更加完美，视觉冲击力更强。

步骤01 在菜单栏中单击"文件"菜单项，选择"置入嵌入对象"命令。打开"置入嵌入的对象"对话框，选择需要置入的对象文件，单击"置入"按钮，如图14-96所示。

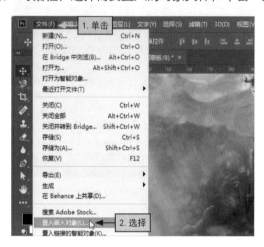

图14-96

步骤02 图像被置入画面中，将鼠标光标移动到图像的控制点上，调整图像的大小和位置，如图14-97所示。

步骤03 打开04.jpg素材文件，按Ctrl+A组合键全选图像，按Ctrl+C组合键复制图像，如图14-98所示。

图14-97   图14-98

步骤04 切换到新建的"电影海报.psd"文件中，按Ctrl+V组合键粘贴图像，生成"图层3"图层，并为其添加图层蒙版，然后使用画笔工具在图像上进行涂抹，如图14-99所示。

步骤05 打开05.jpg素材文件，使用快速选择工具选择图像中的非空白区域，然后使用移动工具将其移动到"电影海报.psd"文件中，如图14-100所示。

图14-99

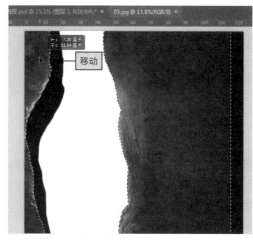

图14-100

步骤06 调整图像大小，并将其移动到合适位置，如图14-101所示。

步骤07 打开06.png素材文件，按Ctrl+A组合键全选图像，按Ctrl+C组合键复制图像，如图14-102所示。

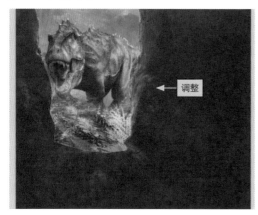

图14-101

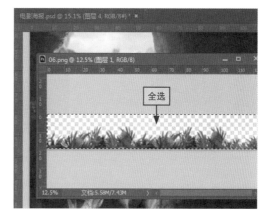

图14-102

步骤08 切换到新建的"电影海报.psd"文件中，按Ctrl+V组合键粘贴图像，生成"图层5"图层，并调整图像的大小与位置，如图14-103所示。

步骤09 打开07.png素材文件，使用快速选择工具选择图像中的非空白区域，然后使用移动工具将其移动到"电影海报.psd"文件中，如图14-104所示。

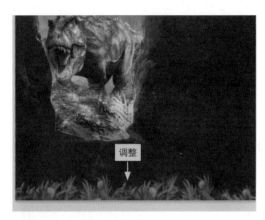

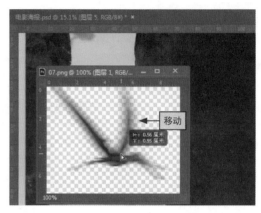

图14-103　　　　　　　　　　　图14-104

步骤10 在"图层"面板中选择"图层6"选项，并单击鼠标右键，选择"复制图层"命令，在打开的"复制图层"对话框中单击"确定"按钮，如图14-105所示。

步骤11 以相同的方法复制两次"图层6"图层，然后调整各复制图层中图像的大小与位置，如图14-106所示。

图14-105　　　　　　　　　　　图14-106

14.3.3 添加文字

完成图像的制作后，就可以利用文字工具在适当位置添加电影宣传文字，从而突出海报的主题，然后利用图层样式对文字进行修饰处理，完善电影海报的整体效果。

步骤01 在工具箱中选择"直排文字工具"选项，在画面的相应位置输入"侏罗纪"和"世界"文本，选择"横排文字工具"选项，在"世界"后面输入"2"，如图14-107所示。

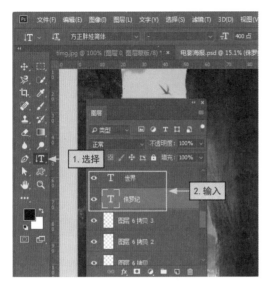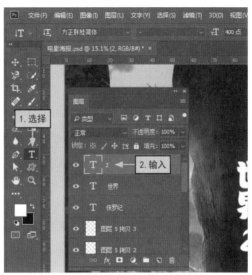

图14-107

步骤02 选择所有文字图层，打开"字符"面板，对文字的字符格式进行设置，如图14-108所示。

步骤03 选择"侏罗纪"图层，在"图层"面板底部单击"添加图层样式"下拉按钮，选择"混合选项"命令，如图14-109所示。

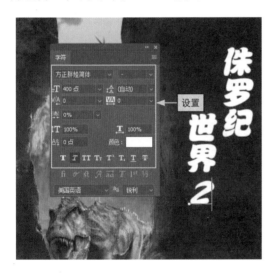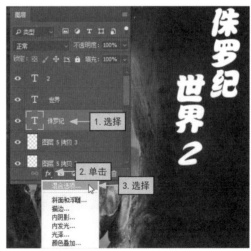

图14-108   图14-109

步骤04 打开"图层样式"对话框，在左侧列表中选择"斜面和浮雕"选项，在右侧的"斜面和浮雕"栏中对文字的斜面与浮雕样式进行设置，如图14-110所示。

步骤05 在左侧列表框中选择"光泽"选项，在右侧的"光泽"栏中对文字的光泽样式进行设置，如图14-111所示。

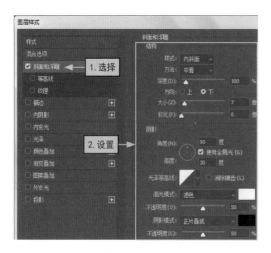

图14-110

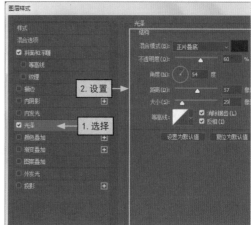

图14-111

步骤06 在左侧列表框中选择"图案叠加"选项，在右侧的"图案叠加"栏中对文字的图案叠加样式进行设置，单击"确定"按钮，如图14-112所示。

步骤07 返回到文档窗口，在"侏罗纪"图层上单击鼠标右键，选择"拷贝图层样式"命令，如图14-113所示。

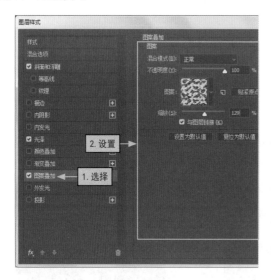

图14-112

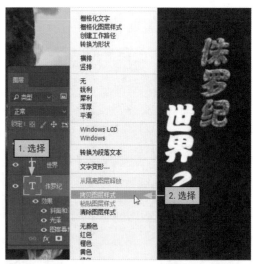

图14-113

步骤08 在"图层"面板中选择其他文字图层，然后在其上单击鼠标右键，选择"粘贴图层样式"命令，如图14-114所示。

步骤09 以相同方法在画面右下角输入电影的介绍文字并为其设置字符格式，在工具箱中选择"矩形工具"选项，在文字中绘制矩形，并为其填充白色，如图14-115所示。

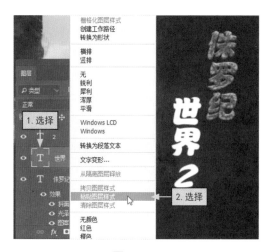

图14-114

图14-115

步骤10 以置入对象的方法，把08.png素材文件置入到画面中，并调整图像的大小与位置，如图14-116所示。

步骤11 以相同方法在画面右上角输入电影的导演、主演等介绍文字，并设置字体格式，即可完成电影海报的制作，如图14-117所示。

图14-116

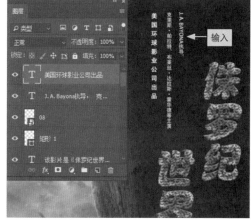

图14-117